建筑是怎么来的

［波］乔安娜·康恰克　卡塔日娜·皮茨卡◎著
［波］尼考拉·库哈尔斯卡◎绘
俞　佳◎译

我叫伊格那茨，是克拉拉和卡洛的爷爷。最近克拉拉对建筑非常感兴趣，总是问我各种与建筑相关的问题。我曾经建过一幢住宅，还盖过一个商店，我会尽力地向她解释她提出来的问题。

我叫克拉拉，我最近看了很多不同的建筑，有时会把它们画下来，有时还会制作它们的模型。我想学习建筑学的知识，了解建筑物是怎么建成的，幸好爷爷知道许多建筑知识，可以跟我聊很多很多。

我是卡洛，我也在gài高楼，我jiàn的楼比克拉拉的楼好多了！

才不是呢！

建筑物有楼房、桥梁、纪念碑、高塔等。爷爷说，不同的建筑物特点不同。这听起来太复杂了。

我的第一个真正的模型是一个城堡，我和爷爷做了整整一个月！

这是卡洛用积木搭的楼房。我以前也爱搭积木，但是现在我更喜欢制作模型，因为积木是卡洛这样的小孩子才喜欢玩的……

这是我用来切割模型材料的垫子。

这些是剪刀、小锉子、油漆、胶水、刷子和其他用于制作模型的必备材料。

中国轻工业出版社

这是谁的家呢？原来是鹦鹉和它的家人的。
让我们一起搭一个漂亮的窝吧！
我最喜欢房子里干干净净、一尘不染的样子。记得我们住在平层公寓的时候，根本不用每天收拾那么多地方。
安静点！你们的尖叫声要把屋顶掀翻了！
克拉拉，蒙古国的卡罗琳娜阿姨给你寄明信片了！快来看看！上面的蒙古包是蒙古族的传统民居，太美了！世界上居然还有人住在这样的房子里，太神奇了！
爷爷，快看！花园里有小鼹鼠！鼹鼠的家是什么样的？蒙古包是什么样的？世界上还有哪些特殊的住宅呢？
爷爷，妈妈说住在平层公寓里，家里需要她收拾的地方就会少很多。到底是住在平层公寓里好，还是住在别墅里好呢？它们有区别吗？我们班的马莱克住在“联排”里，“联排”是什么意思啊？托里雅住的楼里还有电梯！为什么我家的房子里没有电梯呢？
宝贝，你的问题太多啦，现在，我把所有我知道的都告诉你！
克拉拉和爷爷的花园

第一部分
我的家

这附近太漂亮了！喵！
安德鲁，你得帮我扶着梯子！
听着，马克斯。别墅就是这样，不是这儿坏一点，就是那儿坏一点，要经常维修。房顶、管道、排水、供暖系统、墙皮、地板都有可能出问题。我同事跟我说：“安德鲁，我建议你把别墅卖了，我弟弟就是房屋中介，让他帮你谈个好价钱，你再去市中心买套漂亮的公寓！我和他说：“老兄，我家的房子给多少钱都不卖！”
嗯……我可以去蜜蜂家做客吗？
快来，托西娅，我们去小鸡家看看，它们有没有要给我们的蛋？
鸡舍

房子是怎么盖起来的

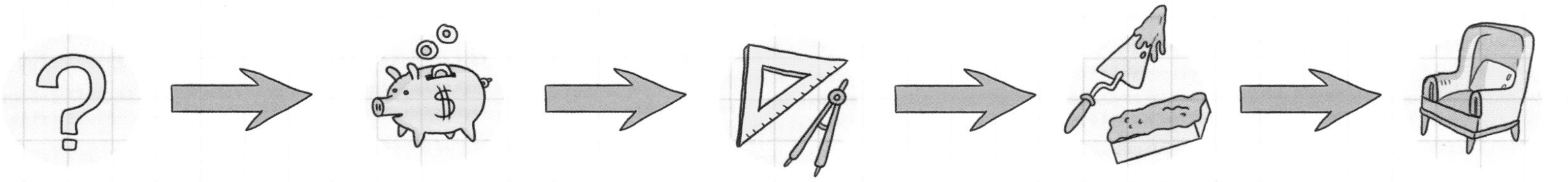

首先需要检查这里是否可以建造房子，也就是说，地质条件怎么样？是否能获得相关部门的建设许可。

获得建设许可之后，还需要核算成本，准备好建房子所需的所有资金。

接下来，建筑设计师根据房主的需要，给出房子的设计方案。

然后，建筑工人们会根据设计图纸建造房屋。

最后是收尾工作，也就是铺地板、刷墙、摆放家具等装修工作。

1. 设计

建筑设计师会在纸上或电脑上绘制详细的设计图，他们的同行和建筑工人都能看懂这些设计图纸。

建筑设计师的工作非常专业。真正的房屋可不能像纸牌屋一样，轻轻一推就倒。

在地震多发的国家，还要为房屋增加抗震设计。

设计图上要标注出各种信息，如门的宽度和高度等。

我家房子一层的设计图

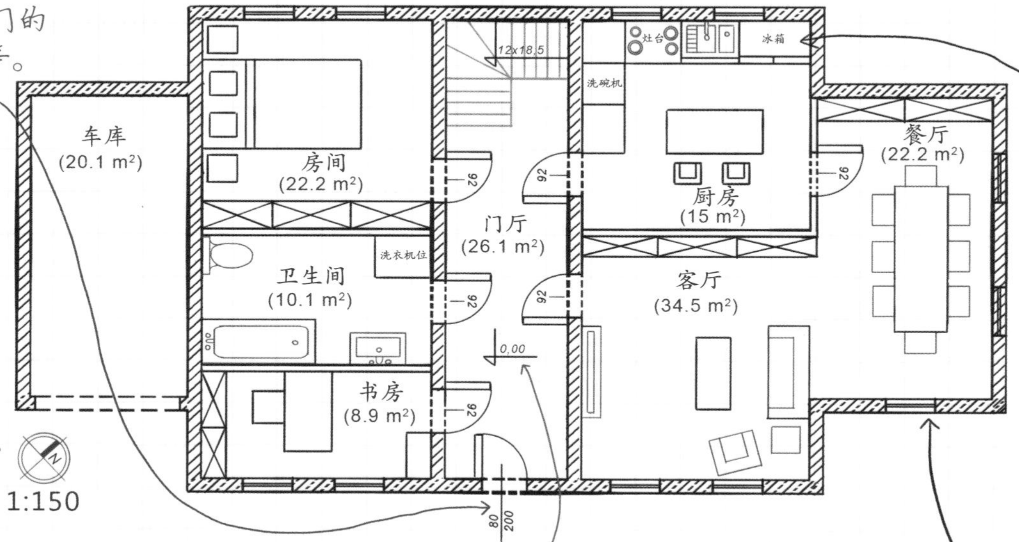

这个数值是门的宽度

这是门的高度

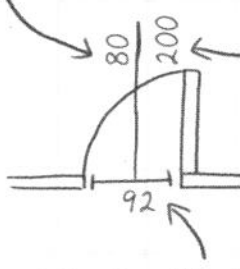

这个指的是墙内开的门洞的宽度。

1:150

这个就像地图的比例尺一样，表示图纸上的尺寸对应的实际尺寸。每一个比例尺都必须标注方向，以便于我们了解房屋的朝向。如果你不想每天都早早地被太阳叫醒，最好让卧室的窗户朝北。

1:150 表示：图纸上的1厘米等于现实中的150厘米。

爷爷说在图纸上还能找到“猫”（角的标识），其实它是标高符号。

设计师还必须设计电线、水管、污水管、供暖管及其他的管线，如网线等在墙内或地下的走向及位置，再由专业的水管工、电工等来施工。

设计师还需要在图纸上标出窗户、门、楼梯的数量、位置等。

房子建成后，房间的布局是这样：

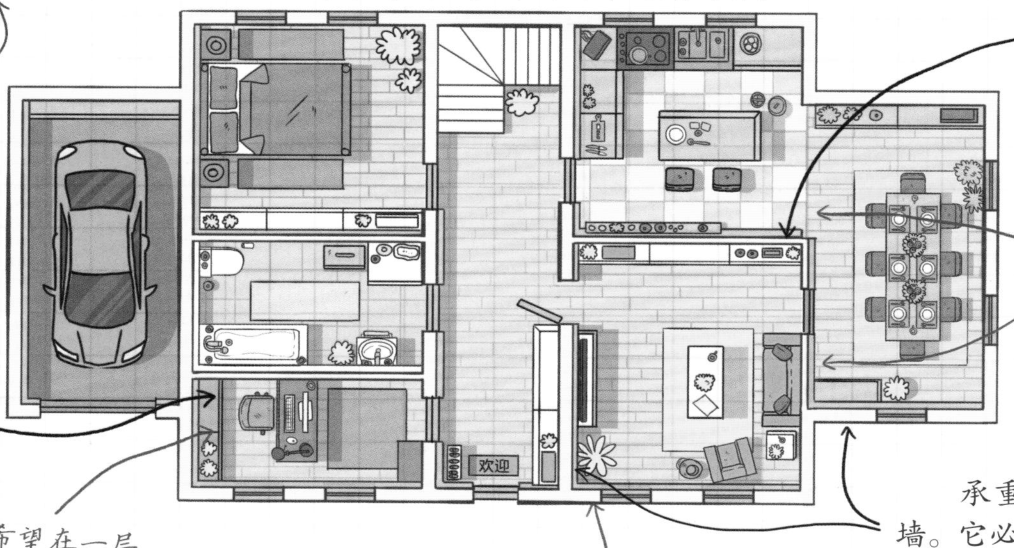

设计师在设计房间的布局和大小时，要尽量满足房主的需求。

功能墙：主要用于分隔空间，可以拆除或是重新搭建。

爸爸妈妈在房间里加了一堵墙，因为他们想要一个封闭的客厅。他们把厨房和餐厅的墙也拆除了，这样会显得空间更大。

爸爸希望在一层有个大大的书房。

房屋中所有的承重结构都不能动，否则房屋可能会坍塌。

承重墙：这是房屋中最重要的墙。它必须能支撑住屋顶、天花板和上部楼层的重量。不能对它进行任何改动，它是楼体建筑的重要部分。

2. 建筑工地

如果只是建一个够一家人住的房子，就不需要这么多设备，但如果要建一幢高层建筑，就要用到它们。

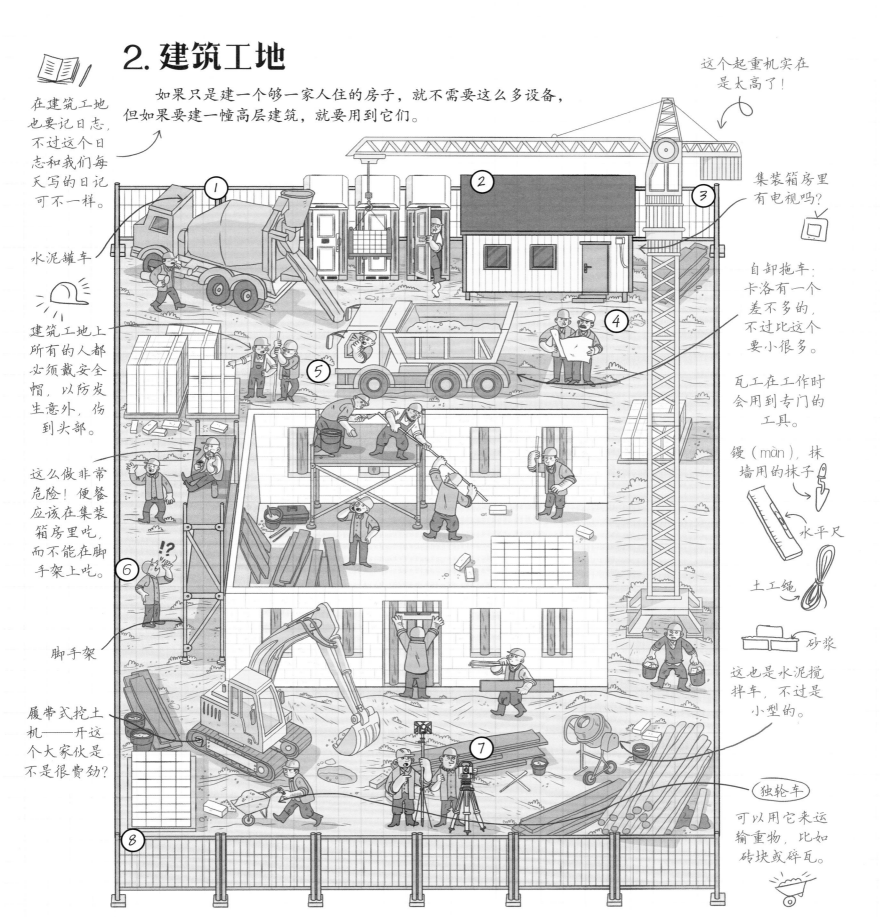

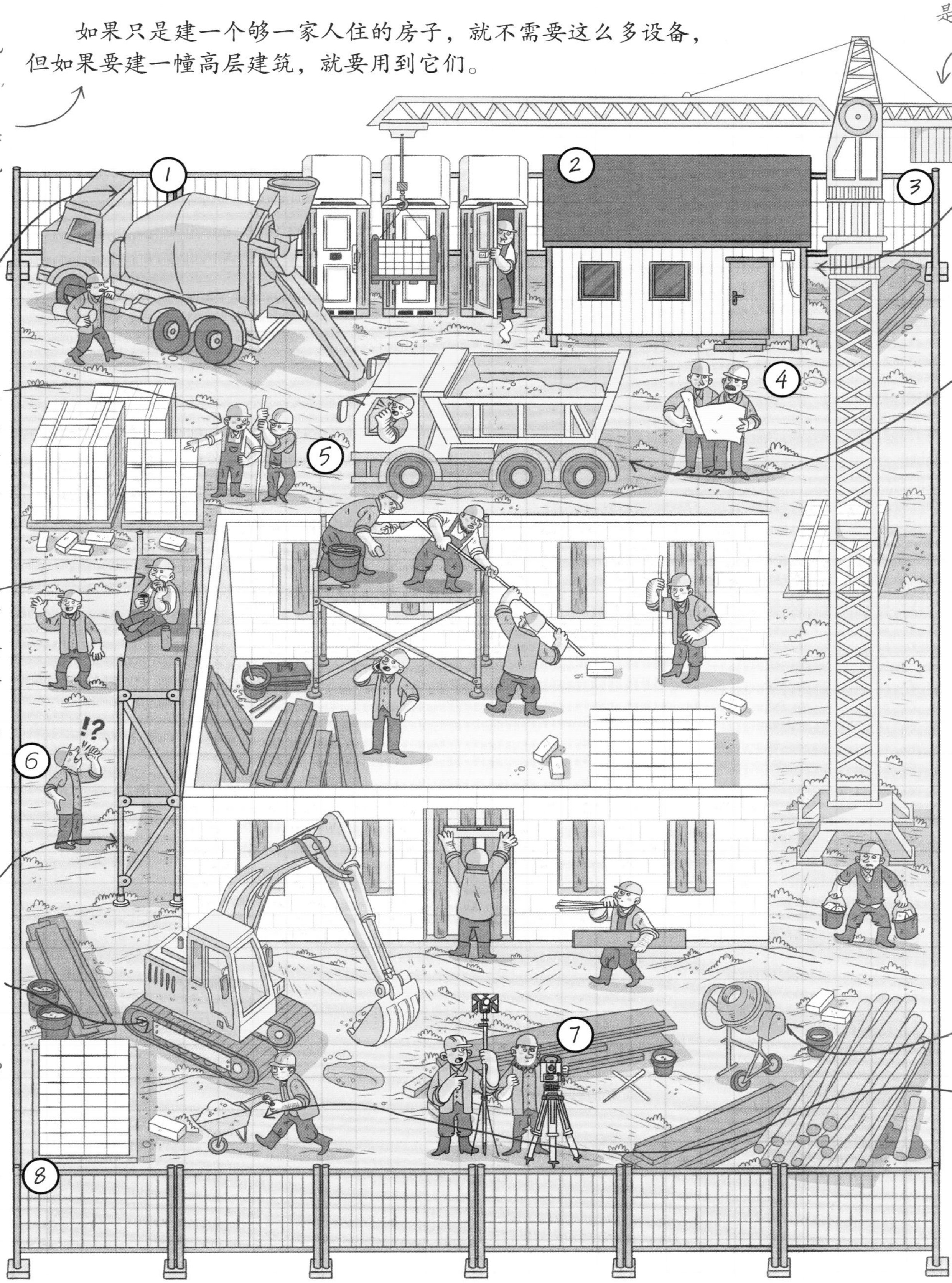

在建筑工地也要记日志，不过这个日志和我们每天写的日记可不一样。
这个起重机实在是太高了！
1
2
3
4
5
6
7
8
水泥罐车
集装箱房里有电视吗？
自卸拖车：卡洛有一个差不多的，不过比这个要小很多。
建筑工地上所有的人都必须戴安全帽，以防发生意外，伤到头部。
瓦工在工作时会用到专门的工具。
镘（màn），抹墙用的抹子
水平尺
这么做非常危险！便餐应该在集装箱房里吃，而不能在脚手架上吃。
!?
土工绳
砂浆
脚手架
这也是水泥搅拌车，不过是小型的。
履带式挖土机——开这个大家伙是不是很费劲？
独轮车
可以用它来运输重物，比如砖块或碎瓦。

1. 混凝土搅拌车：它有一个梨形的搅拌桶，用于装载建筑专用的水泥混合物。梨形搅拌桶需要不停地旋转，以避免混合物凝固。运送完混凝土后，还要用水清洗搅拌桶内部，防止混凝土硬化占用桶内空间。

2. 集装箱房：工长和他的团队可以在此休息，沏杯茶或者来个肉夹馍，也可以坐下来讨论目前的工作进度。

3. 塔式起重机：也就是大型吊车，也叫塔吊。用于建筑施工中物料的输送及建筑构件的安装。

4. 监理工程师：监理工程师会对建筑施工的过程进行监督，确保和建筑相关的所有工序都符合要求。

5. 建筑工人：负责具体的施工。

6. 安全员：组织排查各类安全隐患。因为工地上有很多重型机械（起重机、挖掘机等），还有很多工作需要在高耸的脚手架上完成，存在许多危险因素。

7. 测量专家：负责测量工作。

8. 围栏：用于围挡施工区域，防止无关人员进入。

3. 建造过程

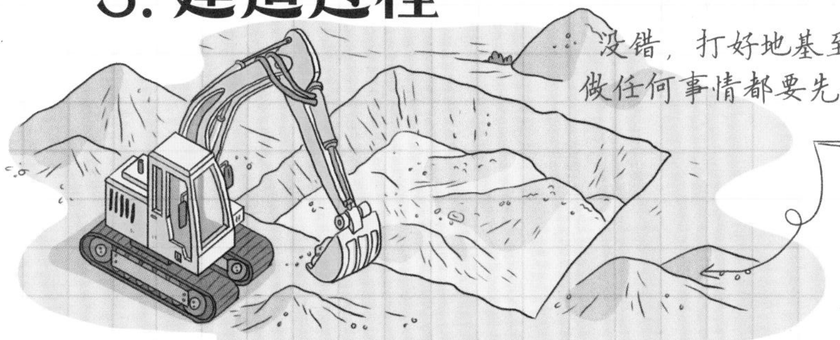

没错，打好地基至关重要，
做任何事情都要先打好基础。

① 建房子要先打好地基，地基是支撑房子的基础。测绘工程师先进行测量，绘制出图纸。工长则需要了解图纸，并做上标记，以便按照步骤来施工。

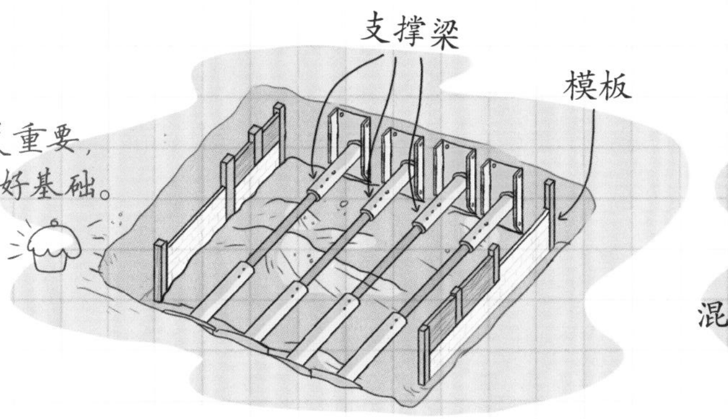

② 基坑里需要放置支撑梁，用来防止基坑坍塌，接着安装加固模板。

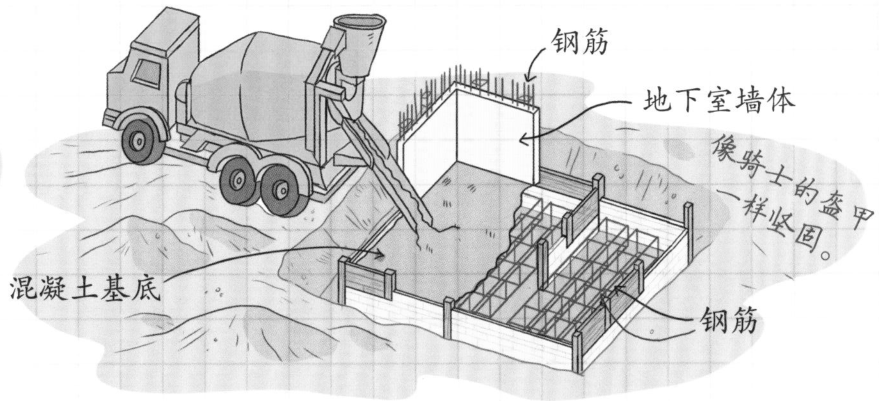

③ 为了加固基坑底部，需要用混凝土浇底，然后在上面安装筏板钢筋，最后再灌注混凝土。

④ 必须设计好上下水管道的位置，这样水龙头才有水流出，马桶才有水可用，污水才能通过下水管道流走。地基要做好防水，如果防水没做好，你最终建成的可能不是一座房子，而是一个大型浴缸。

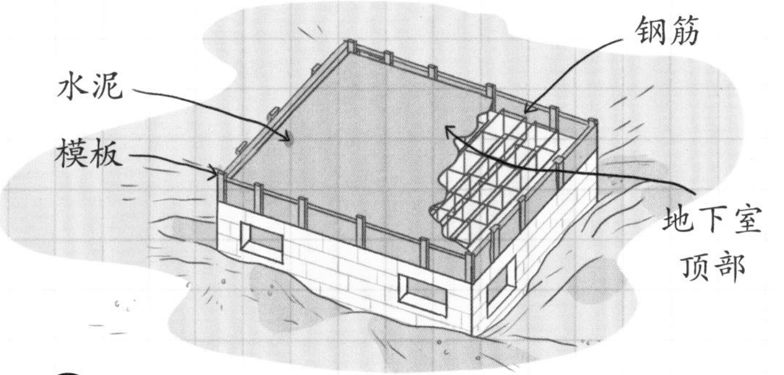

⑤ 筑好地下室的墙面后，开始浇筑它的顶部。地下室的顶也是上面一层的地板。之后，再以同样的方式，用模板、钢筋和混凝土等一层一层地建造。

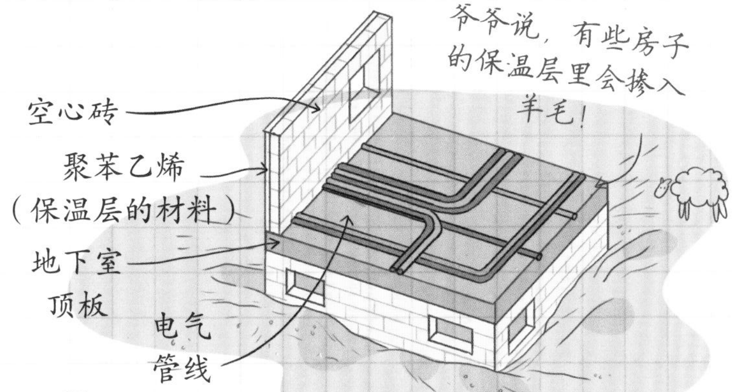

⑥ 在顶板上需要布电气管线，这是用来放置各种电线的空心管道。瓦工还会用水泥和空心砖来砌墙。墙体可能有好几层，在寒冷的地区，墙体要加上保温层，这样可以使房子变得更加暖和。

⑦ 有些房主会让建筑工人给房子加一个坡屋顶。这样既可以防止漏雨，又可以保温。

⑧ 毛坯状态的房子是无法居住的，需要装上窗户和门。当然，安装雨水管道也很重要。

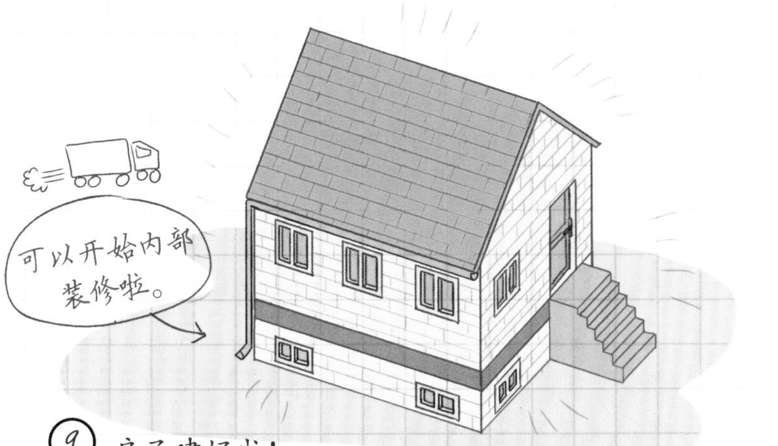

⑨ 房子建好啦！

4. 内部装修

现在，电工、管道工敷设水电线路，安装工安装开关、供暖和通风设施等，使房子住起来更方便，更舒适。

房子里还需要安装电线和管道。

水暖工负责安装与水有关的装置，例如浴缸、坐便器、厨房水槽等。

烟囱也建好了。

电工负责所有电器的安装以及其他与电相关的工作。

接下来是墙面找平，也就是在墙壁和地上抹上特殊的混合物，使墙体和地面光滑、平整。

最后，要给墙面刷漆或是贴上墙纸。

我给自己的房间选择了恐龙墙纸，卡洛给他的房间选择了外星人墙纸。姑姑不喜欢墙纸，所以在托娅的房间刷了墙漆。

所有工作准备就绪以后，就要布置厨房、厕所，安装家具、灯具了。

为了把我们的旧家具和装满东西的纸箱子搬到新家去，爸爸妈妈租了一辆卡车来搬运。

我们在每个箱子上都贴了便笺，写上这个箱子是属于哪个房间或是属于谁的。

外立面：外立面就是房子的外墙面。每座房子的外观都不相同，有的是石头贴面，有的是木贴面。

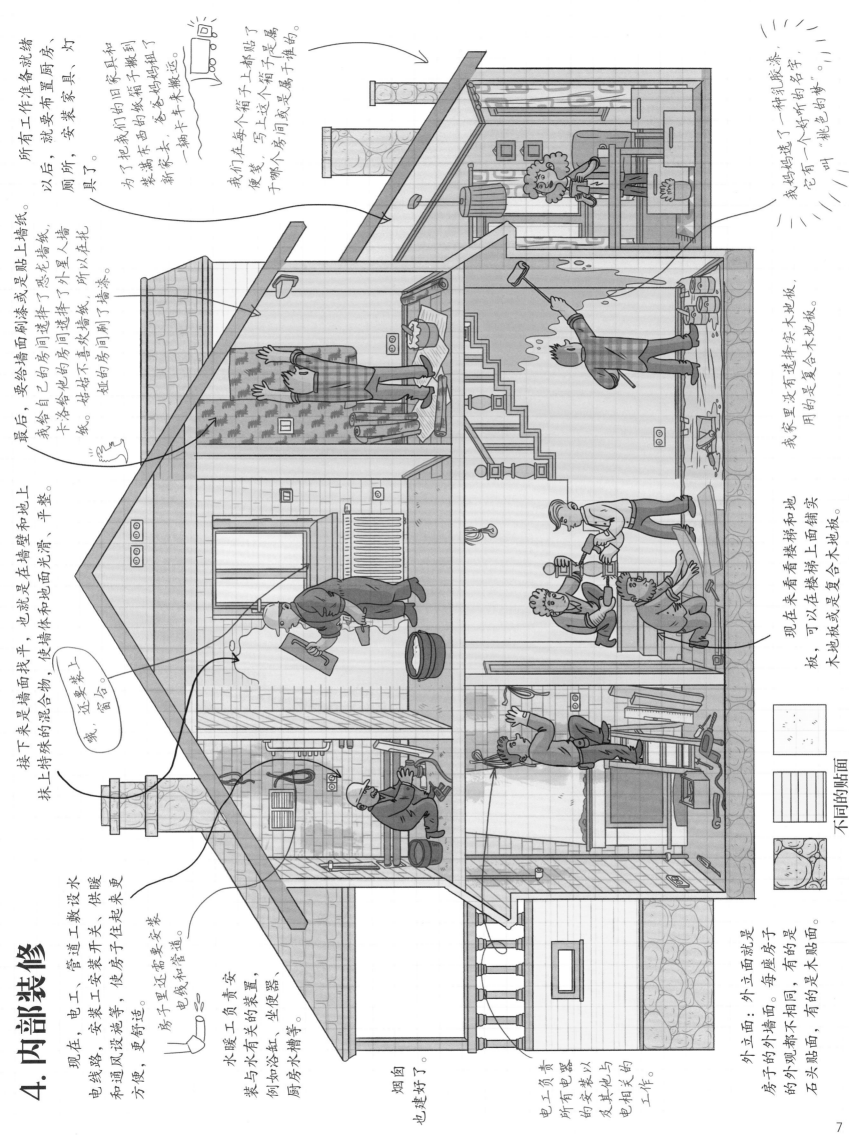

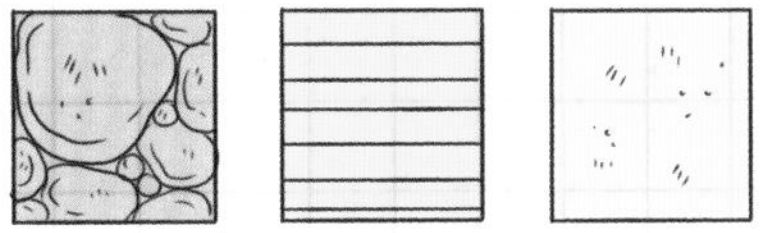

不同的贴面

现在来看看楼梯和地板，可以在楼梯上面铺实木地板或是复合木地板。

我家里没有选择实木地板，用的是复合木地板。

我妈妈选了一种乳胶漆，它有一个好听的名字，叫“桃色的梦”。

传统的建筑

不同地区的房子，样式不相同，这主要取决于当地的气候条件和建筑材料。传统建筑的设计和改造往往不需要建筑师，它们的修建和传承依靠的是当地人代代相传的智慧和经验。不少传统建筑至今仍是人们的住宅，还有些则变为了博物馆或是旅游景点。

蒙古包

以前，蒙古牧民居住在蒙古包中，他们需要带着羊群和财物，随季节和水源寻找合适的牧场，蒙古包是一种便携式建筑，适合逐水草而居的游牧生活。蒙古包由架木、苫毡、绳带等搭建而成，看上去像一个扣放在地上的大碗。随着社会的发展，蒙古包内的陈设也增添了电视机、电冰箱等家电。搭建蒙古包的时间取决于蒙古包的大小，有的只需要几小时就能搭建成。蒙古包不只在草原上才能找到，在城市里也能看到，比如蒙古国的首都乌兰巴托的郊区就有许多蒙古包，这个城市将近60%的人住在蒙古包里。

蒙古包可以说是一个可以移动的家，如果我也有这样一个家，那就太棒了！我一定会像蜗牛一样，背着它到处旅行。

马赛村落

这是马赛族人的家，马赛族是非洲的一个民族。传统的马赛族人过着游牧生活，他们不需要固定的住所，因为每过一段时间他们就必须离开现有的住所，为他们的牛群寻找更好的草场。马赛族人建造住所时，一般是就地取材。他们先将木棍垂直插入地下做支架，然后用小树枝搭建房屋墙壁，再用水、泥、牛粪的混合物将“墙”糊起来，最后用茅草铺设屋顶。马赛族人的房子通常是椭圆形或圆形的，房屋的中间会架设一个烤炉，用来烹制食物。建造房子是马赛族女性的职责。

冰岛草皮屋

在冰岛，很难找到足够的木材和石材来建造房屋，但是草皮却随处可见。草皮耐用性强，可以再生，因此冰岛人发明了草皮屋。他们先用少量的石头和圆木搭好地基，再将草皮制成“砖”，砌成草皮墙，最后加上一个草皮屋顶。为了保暖效果更好，他们还会在草皮屋顶上加铺一层干草。草皮屋内的地板比地面要低，从外面看，整座房子就像一半埋在了地里。单座草皮屋面积不大，但它们的内部却是连通的，在冬季能很好地抵御严寒。

这也太好玩了——草皮屋看起来像是霍比特人的小屋。我们也来给家里的房子装一个这样的屋顶吧！

冰屋

住在格陵兰岛的因纽特人在冬季狩猎时，会将冰屋作为传统的临时居所，或用作会商、举行仪式的房间。夏天，因纽特人住在皮帐篷或防空洞里。建造冰屋前，他们先用刀（以前用特殊的骨刀）切割“雪砖”，再将切割好的雪砖一块块垒起来，同时在一旁砌出一个门，在顶部留出一个小小的通风口。冰屋的内部温度一般在0℃左右，但在寒冷的北极，这里可以说是一个温暖的处所。建造冰屋的雪砖，在寒冷的天气里会被冻实，这使得冰屋的安全性大大加强，不会坍塌。冰屋的大小各不相同。有经验的建筑师能够在2小时内建造一个供一家人使用的冰屋。

!!!

天啊，这已经是很不错的条件了吗？

托达人的村落

托达人是印度南部尼尔吉里山区的一个民族，他们的传统房屋看起来很有趣，像一个横躺着埋在地下一半的木桶。他们的房子由竹子、藤条和干草建造而成，没有窗户。虽然房屋内部很宽敞，但是门很小，需要四肢着地爬进去，这样设计可以防止野兽进入，也可以抵御恶劣的天气。房子的屋檐比较宽，可以遮风挡雨，房子的外立面常装饰传统图案。如今，越来越多的托达人正在改变传统的生活模式，但他们的特色村落依然存在。

高跷上的房屋

在越南的湄公河三角洲地区，沿河及其支流有港口、村庄和房屋，人们沿河而居，河流是当地的交通和贸易通道。这里的房子是建在水边的，打好地基后，人们会用几根坚固的柱子做支撑，在上面建房子，这种设计便于停泊船只。由于水位易变，在汛期时高高的支撑柱还可以防止洪水淹没房屋。

特鲁洛石屋

这种房子是意大利南部特有的传统建筑，它们由白色的石灰石建成，圆锥形的石屋顶有点像小矮人的帽子。特鲁洛建筑的一大特点在于它们的屋顶便于拆卸，之所以这样设计，是因为这样能证明房子暂未完工，在当时可免交财产税。尽管特鲁洛石屋的结构特殊，但它们非常持久耐用。特鲁洛石屋的内部只有一个房间，如果想要更多的房间，需要在它旁边建更多的石屋，再用通道把一个个独立的石屋连接起来。

这也太美了！就像在童话世界里！
等我长大了，我也要住这样的房子。

世界各地的奇特房子

房子是满足人们生活和工作需要的居所，每个人的具体需求都不一样。建筑师和设计师总是尽力满足每个人的愿望。

我奶奶的朋友扬卡，住在这样的房子里，她家的天花板要与天相接啦！

LOFT

很多是用旧工厂或仓库改造而成的，通常很宽敞，层高很高，有巨大的窗户。很多LOFT的内部装饰保留了建筑物原有的风貌，你甚至可以看到裸露的砖块、混凝土、管道和钢筋。有趣的是，过去因为LOFT价格低廉，艺术家争相选择它作为工作室，但如今在有些地方，它成了只有富人才买得起的豪华公寓。波兰就有很多这样的建筑，它们有的是由19世纪的工厂改造的，还有的是在旧纺织厂、旧磨坊厂等基础上改造而来的。

鞋形房子和茶壶形房子

1948年，美国宾夕法尼亚州的鞋商马伦·海恩斯计划建一座鞋形房屋，他想通过这座房子，为公司打广告。建筑设计师根据海恩斯的要求设计了一座鞋形房子，这座房子的脚趾是客厅，脚后跟是厨房，脚踝是卧室。后来，海恩斯把这座房子打造成了一个度假胜地。茶壶形房子位于得克萨斯州，这座房子是钢结构的，能扛住飓风。最初，房屋的主人想把它打造成商店，后来有人提议把它改成住宅，但这座房子一直空着。世界上还有不少奇奇怪怪的房子，比如像书架一样的图书馆，像冰激凌一样的冰激凌房屋，或者建成鱼形的垂钓俱乐部。

太神奇了，如果我成了一名设计师，我要设计一个像台灯一样的房子。

水上的房子

荷兰的河流比较多，它的首都阿姆斯特丹可以说是一座建在水上的城市。沿着阿姆斯特丹的河流行走，会看到许多水上房屋，因为这里土地面积少，很多人便将房子建在了水上。近些年，在水上生活越来越便利，也越来越受到人们欢迎，水上房屋成了当地人的首选。水上房屋不只是阿姆斯特丹的特色，在伦敦、巴黎、华沙等地也有很多水上房屋和酒店。

爷爷说，他年轻的时候在这种房子里住过两年，不过那时候人们管它叫“拖车”，而不是叫“房车”。

可移动的迷你房

越来越多的人搬到城市里生活，但是城市的土地却不会增加。而且，很多人因为工作变动经常搬家。怎样才能满足这些人的需求呢？可以住在可移动的迷你房子里，这种房子可以安装轮子，可以拖着到处走。有人说它是“轮子上的家”。

在波兰华沙，有个很有趣的房子，叫奇勒屋，它建在建筑物之间的空隙中，有很多艺术家把工作室安在这里。这种房子的最宽处不超过1.5米，最窄的地方才90多厘米。虽然它很小，但功能很齐全，厨房、卫生间、卧室应有尽有。

落水山庄

它是一位富商委托世界著名建筑师——美国的弗兰克·劳埃德·赖特（1867—1959）设计的。富商买下一块地想建一座周末别墅，赖特很好地利用了这里的天然瀑布，将自然与建筑完美地结合在一起。这座房子的露台宽阔而突出，钢筋混凝土的房屋结构采用天然材料来装饰，整个建筑与周围的绿色景观完美融合。赖特设计的另一座模仿自然的建筑是纽约古根海姆博物馆，它看起来像是一个巨大的海螺。

我曾经去看过一次瀑布，瀑布边上真吓人，而且还特别吵。住在瀑布附近的房子里，真的不会被水声吵得睡不着觉吗？

节能房屋

如今，节能环保理念已深入人心，也融入了房屋设计的理念之中。在美国的新墨西哥州有70幢造型极具未来感的住所，完全靠自然能源维持，被称为“大地之舟”，它的设计者迈克尔·雷诺兹既是一名建筑学家，又是一名生态学家。他用可回收材料做房子的建材，利用太阳能和风能为房子提供能源供给，还特地增加了雨水收集和净化设备，以满足居住者的用水需求。另外，他还在房屋周围开辟了菜园，在这里生活，还能实现食物的自给自足。

可以自己运转的东西简直太酷了！就好像我的自发电手电筒一样，只要转动手柄就可以给电池充电啦！

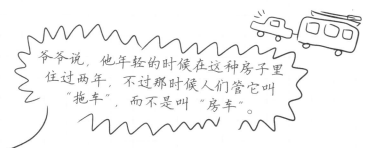

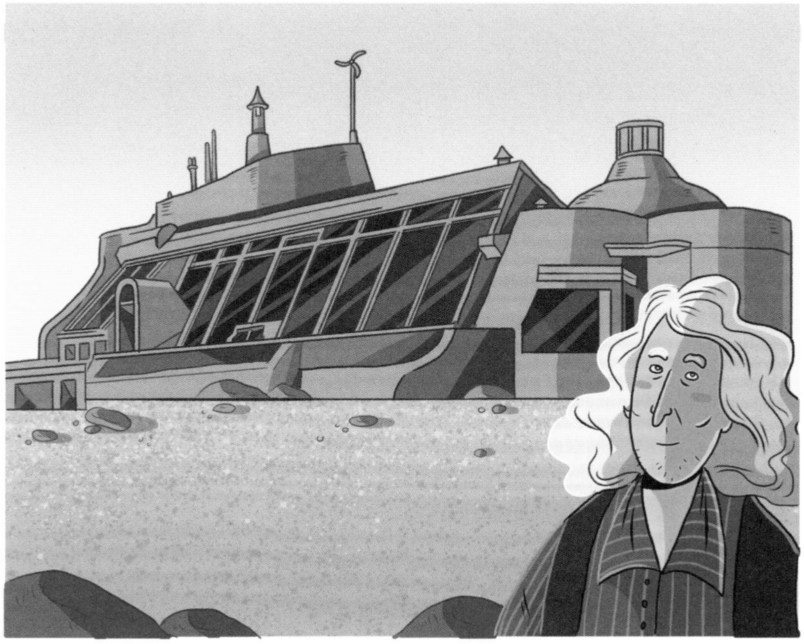

公寓楼

今天，大多数人知道什么是大型公寓楼。20世纪50年代在法国建造的“马赛公寓”，是世界上第一座大型公寓楼房，1600位居民住在330多间宽敞的公寓中，在当时是非常新奇的。法国建筑师勒·柯布西耶（1887—1965）是这幢“楼房”的设计者，公寓里有幼儿园、商店、餐厅、健身房，甚至还有游泳池、休闲娱乐场所。这里的露台是有屋顶的，走廊也很宽敞，有利于邻居之间会面。后来，许多小区在它的模式上发展起来，遗憾的是，勒·柯布西耶的设计理念并不能都实现。他最重要的设计理念是：有光、有空间、有绿色。

波兰也有这样的超级公寓楼。

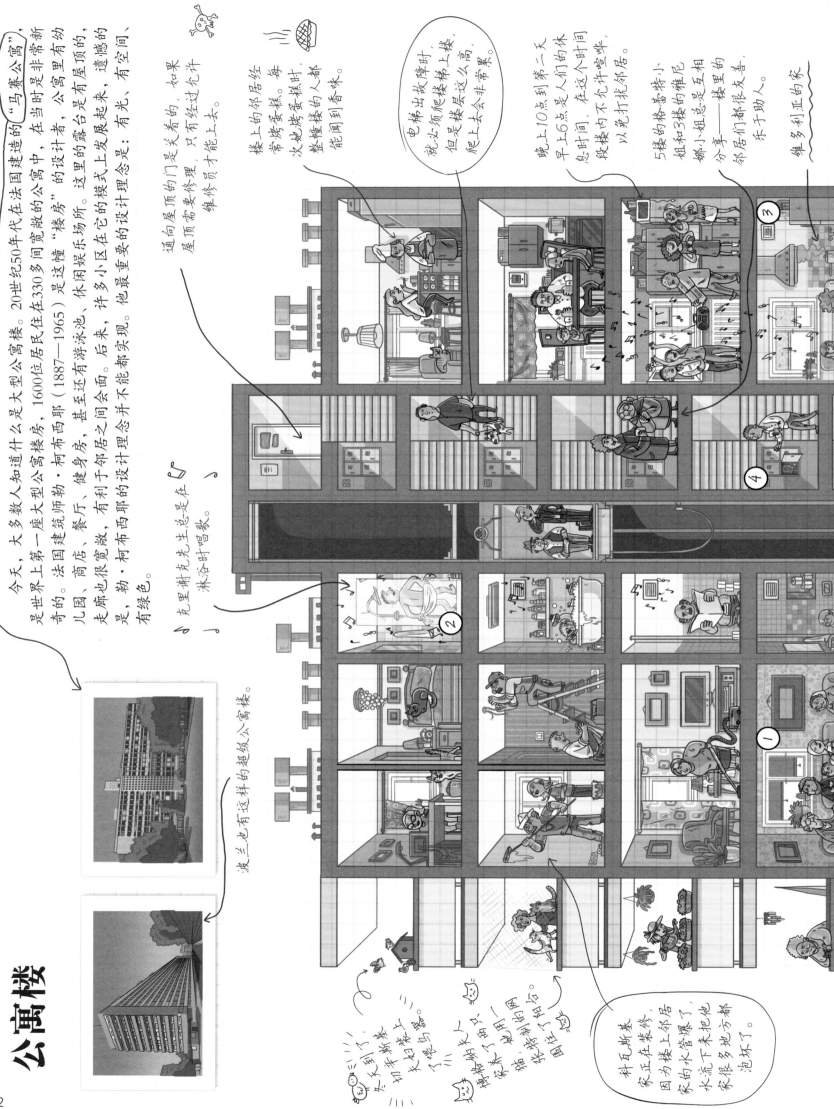

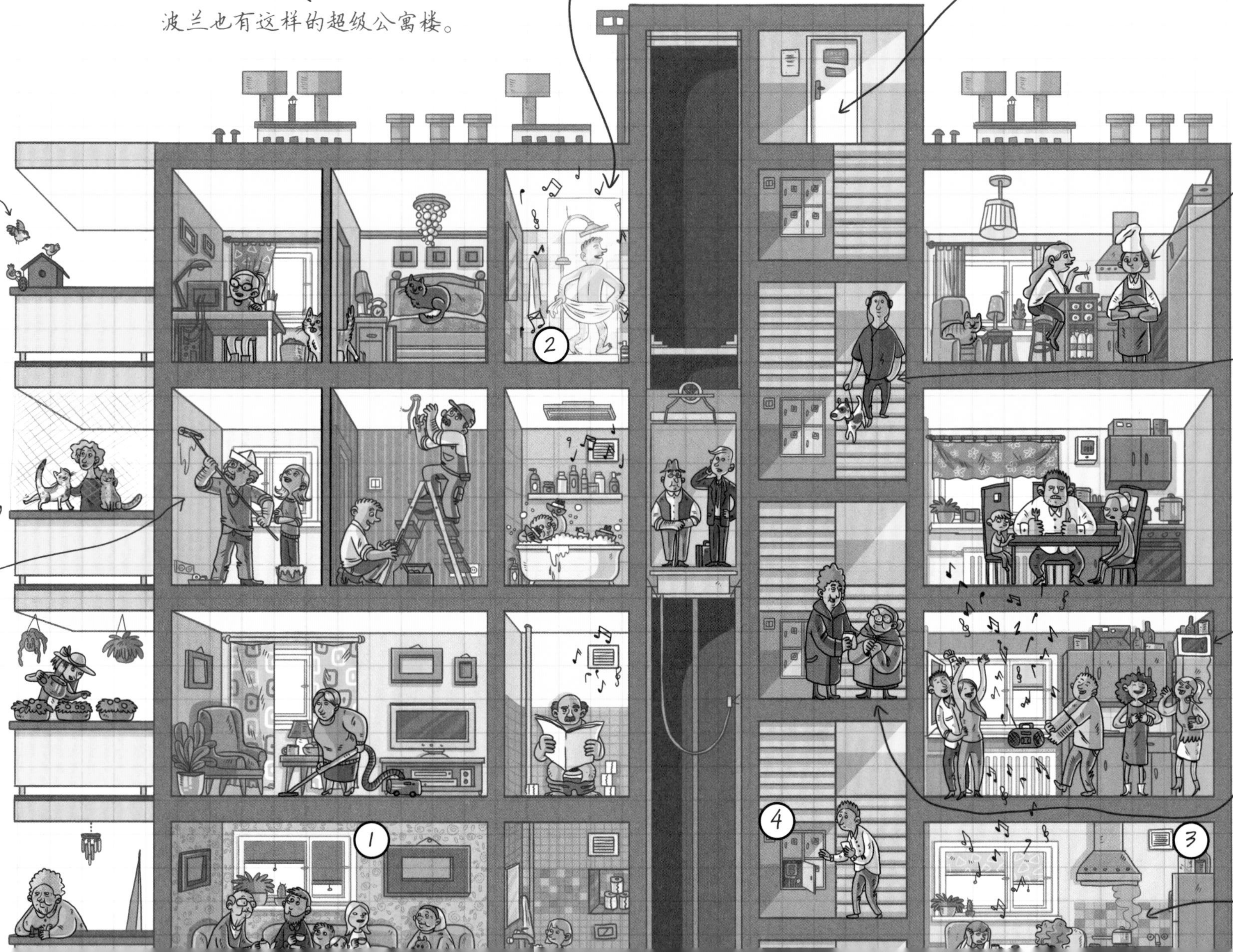

1. 公寓每家住户房间的布局不同，每家人都可以根据自己的喜好装修。不过，承重墙可不能拆除。

2. 立管——厨房、卫生间里及所有与水、电、气相关的设备，都不能随便安装，要与立管相连。

3. 建筑物和公寓必须有通风系统，厨房和卫生间的通风系统需要特别设计。一般来说，厨房和卫生间里都有通风井，油烟机的通风口、卫生间的换气口与通风井相连，这些地方产生的难闻的气味会由通风井排出。

4. 水表、电表和燃气表记录我们使用的水量、电量和燃气量。用电不规范的时候电表会跳闸，导致停电，这时候一定要请专业的电工来维修。

5. 地下室也可以设计成可利用的空间，如用作车库、储藏室等。地下室里的管道非常多，因为所有的管道都要通过地下室，才能接到楼上各层。

第四小
雅努士
安塔，快到窗边来，狂欢队伍来啦！有管弦乐队，还有踩高跷的人。
食
店
喇叭声太刺耳啦！城市里总是这么吵闹，没有安静的时候。
警察局
爷爷，您听见了吗？庆典的队伍快要过来啦！您听见他们的奏乐了吗？
爷爷，快看！市长也来啦，我还以为她有太多重要的工作要做，不会来参加庆典呢！爷爷，我们去公园里参加庆祝吧，卡罗利娜老师说了，公园里会有关于城市发展的知识竞赛。您觉得我会获奖吗？
阿姨，您听到了吗？他们过来了，还奏着乐呢！您下午去公园参加庆典吗？
我不参加，但是我的孩子们会去。
POLICJA

第二部分
我们的城市

我实在受不了，节假日街上到处都是人。
太吵了，别再放烟花了！
1798
电影院
哇，卡夏吹着萨克斯走过来了，他继承了他父亲的才华。
他们来了！我要是会演奏乐器就好了。
我以前打过三角铁。
简先生，您在做什么？当心石膏条，它就要从老房子上掉下来了！
我太爱看庆典了！
快看，我们的市长走在人群中！市长一直致力于城市的发展，让城市充满活力。
小卖部
我退休之前，也骑着马参加过庆典！虽然是很久以前的事了，但我记忆犹新，当时我骑在马上就像战神一样。

第一座城市

最早的城市可能出现在1万多年前，当时人们每天的工作主要是耕种土地、饲养牲畜。那时的生产工具还很落后，人们不仅要努力吃饱，还要抵挡野兽与恶劣天气的袭击。因此，他们需要搭建坚固耐用的房屋，过群居生活。据研究，第一批城市建立在中东地区，也就是现在的以色列、黎巴嫩、伊拉克和叙利亚等地。

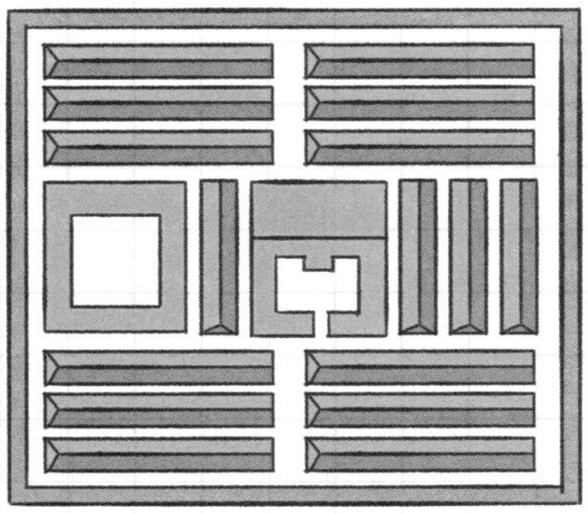

有些城市曾经是军队的营地，如巴黎、维也纳和伦敦。

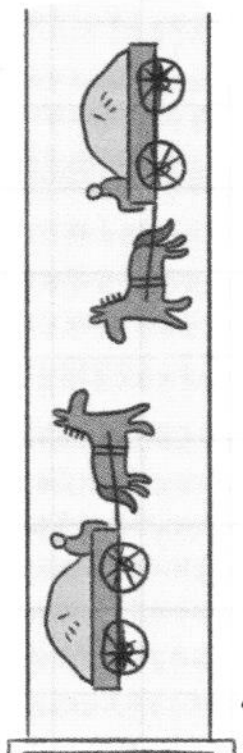

有些城市建在重要的交通要道上，这里往往是大型河流的流经之地，土地肥沃，有良好的灌溉条件和运输条件。此外，在河流附近也更有可能发现有价值的工业原料。这样的地方，能吸引更多的人前来定居。

罗马人在很久以前就能根据当地的地形、地貌特征，画出城市规划图纸，再根据图纸来建设城市。

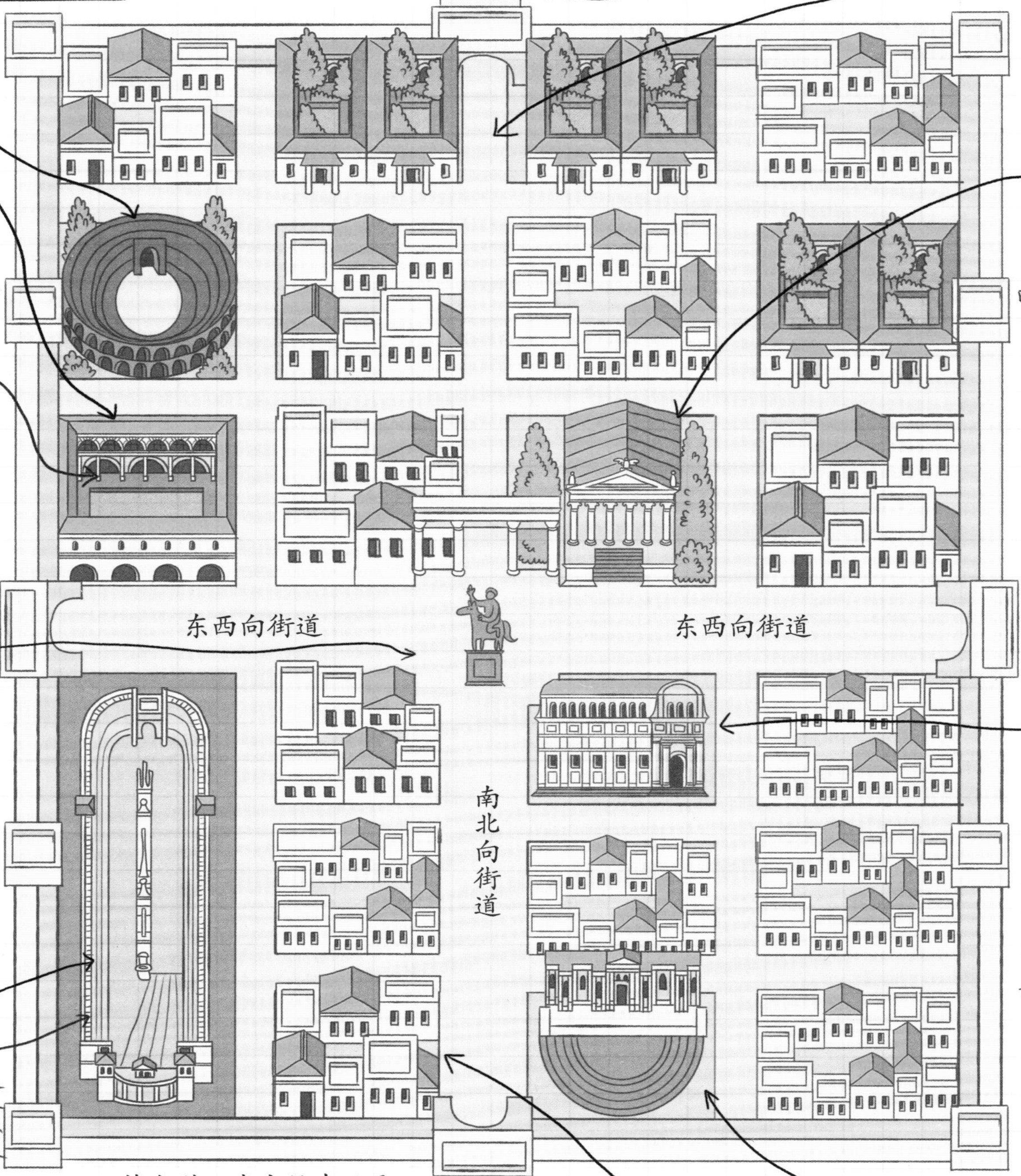

圆形剧场

温泉浴室

神庙

爷爷说，澡堂就是很大的浴室。我想知道，澡堂里会将女孩和男孩分开吗？

凯旋门

在古罗马城的中心地带，有一个大广场，它的周围矗立着这座城市重要的建筑。

巴西利卡

巴西利卡是古罗马的一种公共建筑形式，本意是“王者之厅”，在古罗马常将其作为法庭和大商场。

在古希腊，城市广场被称为集市。

马戏团

马戏团里没有小丑表演，只有四轮摩托车比赛。我不太喜欢看小丑表演，但四轮摩托车比赛应该很棒。

将水引入城市很有必要。为此，人们修建了护城河和水渠，也就是图中这种特殊的古水道。

古罗马人发明了砖，并用它做建筑材料。在烧制前，古罗马人会先将它们放在太阳下晒干。

古罗马剧场看起来非常壮观，戏剧在这里上演，角斗士则在圆形剧场进行角斗。

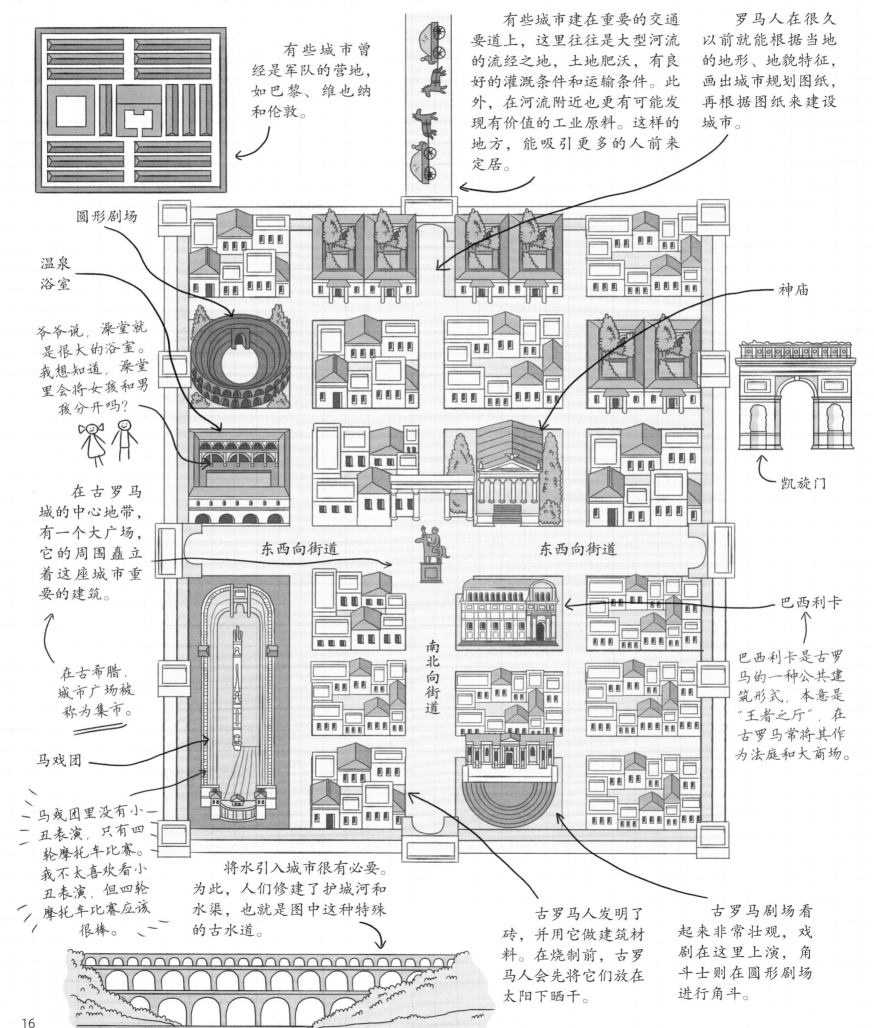

各种风格的城市

城市的设计风格各不相同，采用什么样的风格主要取决于自然条件，如地形、气候、河流等。

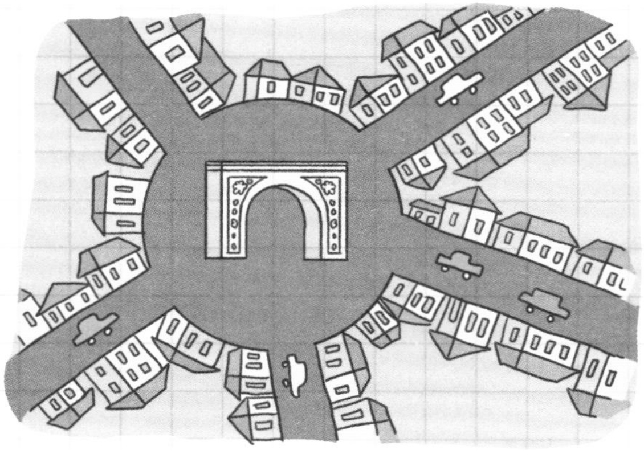

巴黎城的道路从中心广场向外辐射，主干道之间由小的街道相连。

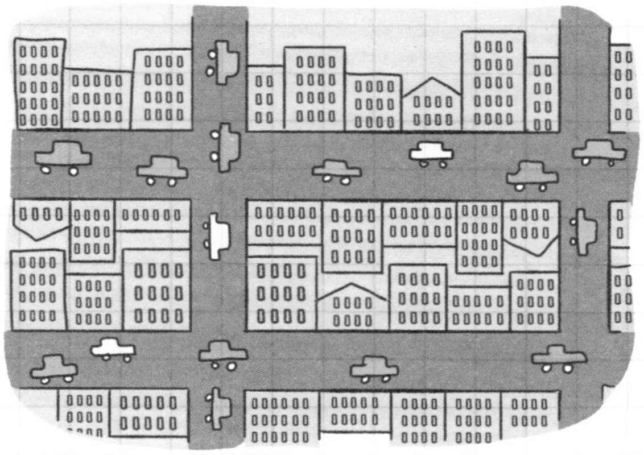

在纽约，街道与街道纵横相交，城市被分割成一个个小的方格。这样的城市布局有利于规划建筑，辨识方位。

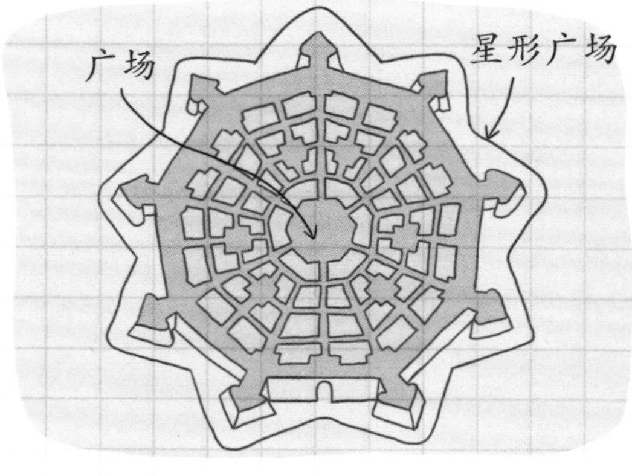

完美的城市

人们总是梦想着创造一个完美的城市。有人认为，完美的城市应该是圆形的，圆心处有一个中央广场，街道从广场辐射开来。城市的外围则修建各种防御工事，保护城市的安全。

堡垒之城

通常，城市的位置选择会考虑到安全防御。有些城市选择建在山丘上，这样易守难攻，敌人和强盗难以进入。

新兴城市

爷爷说，有的城市会选择在从未开发的地方建造，越是没有开发过的地方，越能更好地规划。巴西利亚（巴西首都）就是在这样的地方建造的。

花园之城

对于爷爷来说，完美的城市是花园城市，他的朋友居住在离波兰首都30千米的小城市波德科瓦莱希纳。那里没有工厂和摩天大楼，但有很多漂亮的房子、绿地和散步的地方。

城邦

城邦在古希腊文中是“城市”的意思，是以城市为单位形成的自治国家。古希腊有众多城邦，雅典和斯巴达是两种不同形式城邦的代表。现在，城邦国家的代表是新加坡。

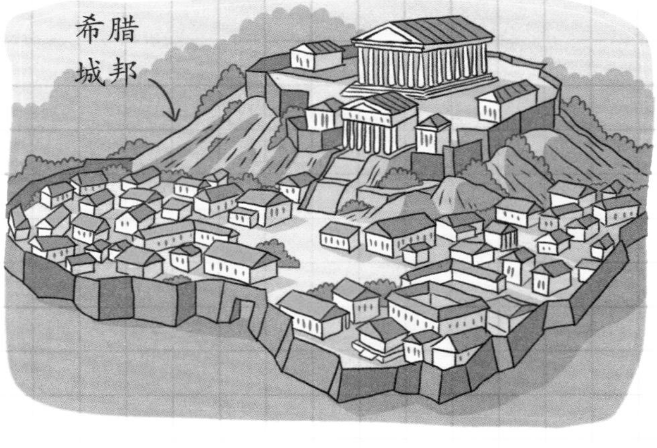

爷爷说，新加坡的土地面积太小，一直以来他们都在填海造地。而在荷兰，人们获取更多土地的方式则是围海造陆，弗莱福兰省便是围海造陆而来。

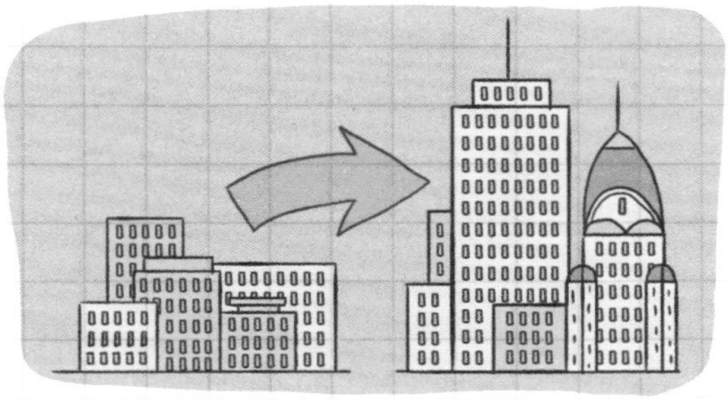

卫星城

是大型城市周围的小城市，在地理空间上环绕着大城市，在生产、生活上与大城市紧密相关。很多在超大型城市工作的人，会在卫星城居住。

太神奇了，我还以为卫星城市在宇宙中呢。

我们城市的地图

城市中除了有生活、学习和工作的场所之外，还需要娱乐和交流的场所，以及医院、公安局等保障居民健康、安全的场所。城市中还要有废弃物收集和运输设备，排水、供暖等系统也要修建并不断完善。随着时间的推移，居民的生活习惯和需求发生变化，城市也会不断发展、变化。

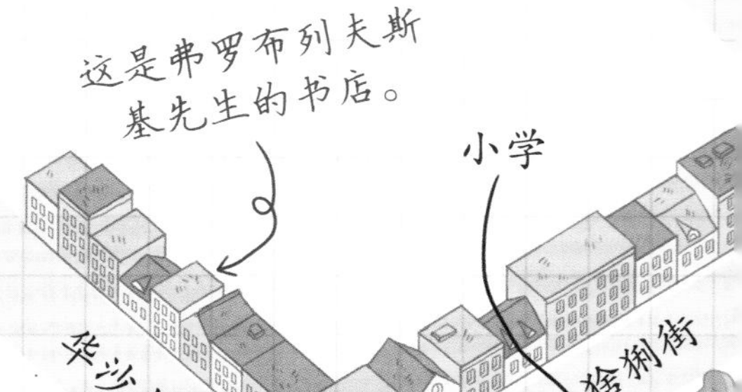
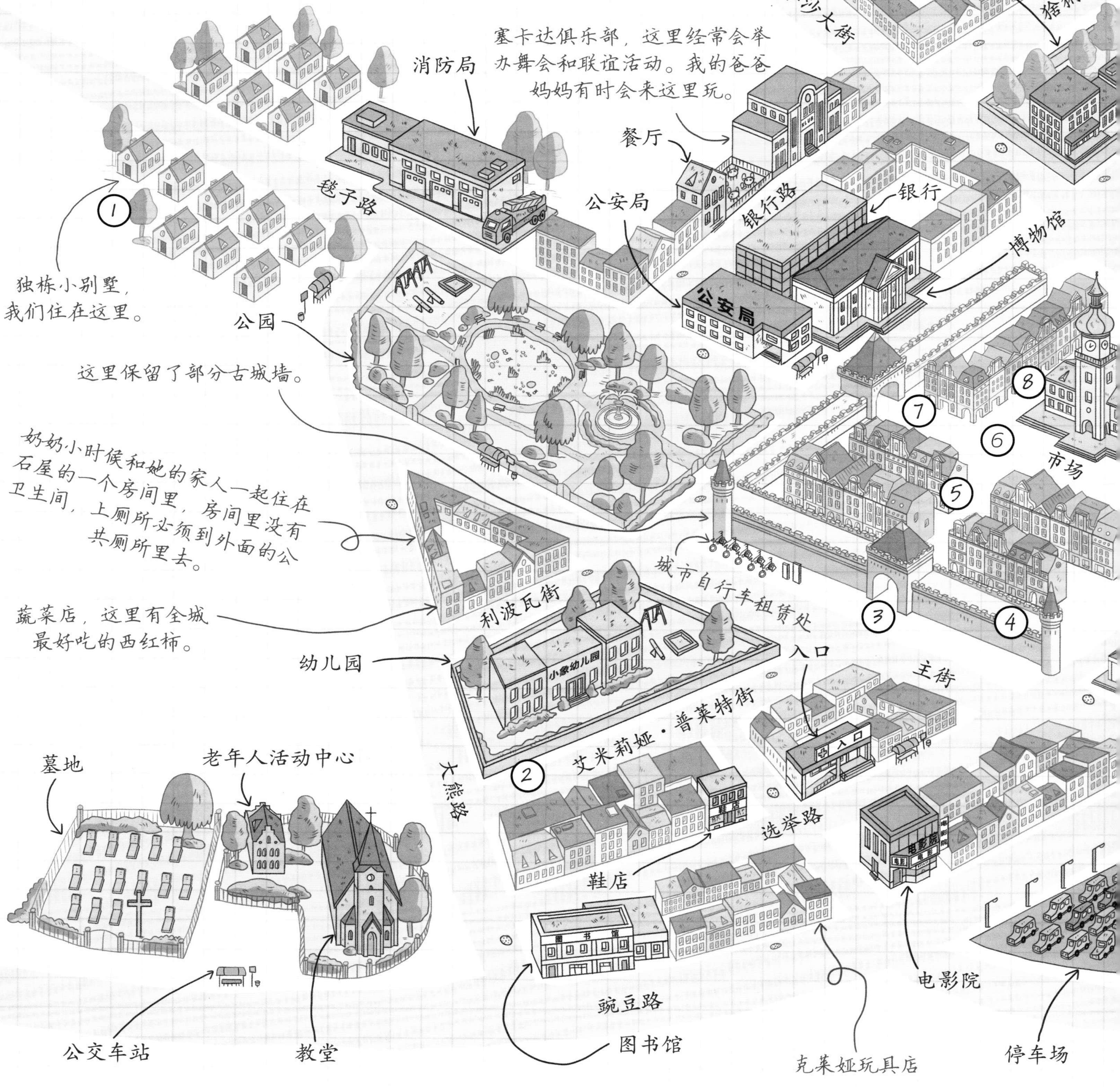

1. 独栋小别墅：这样的住宅往往建在郊区或者城外。住在这里的居民需要开车上班、上学或去大型购物场所。

2. 街道：在地图上可以看到它们的位置和名称。街道的命名也会遵循一定的规则，有的会根据道路的走向来命名，有的会根据道路的位置来命名，还有的会用人名来命名，以纪念他的丰功伟绩。

3. 城门：老城区一般还保留着城门，它是进出城的通道，既有军事防御作用，又有防洪功能。

4. 城墙：是军事防御建筑，用来保护城市的安全，城墙上一般没有窗户，或者只有很小的窗户用来瞭望敌情。

5. 欧洲石屋：彼此紧密相邻的欧洲传统住宅，一般有好几层，底层多用作商店或仓库。

当然，并不是所有的石屋都是用石头做的。

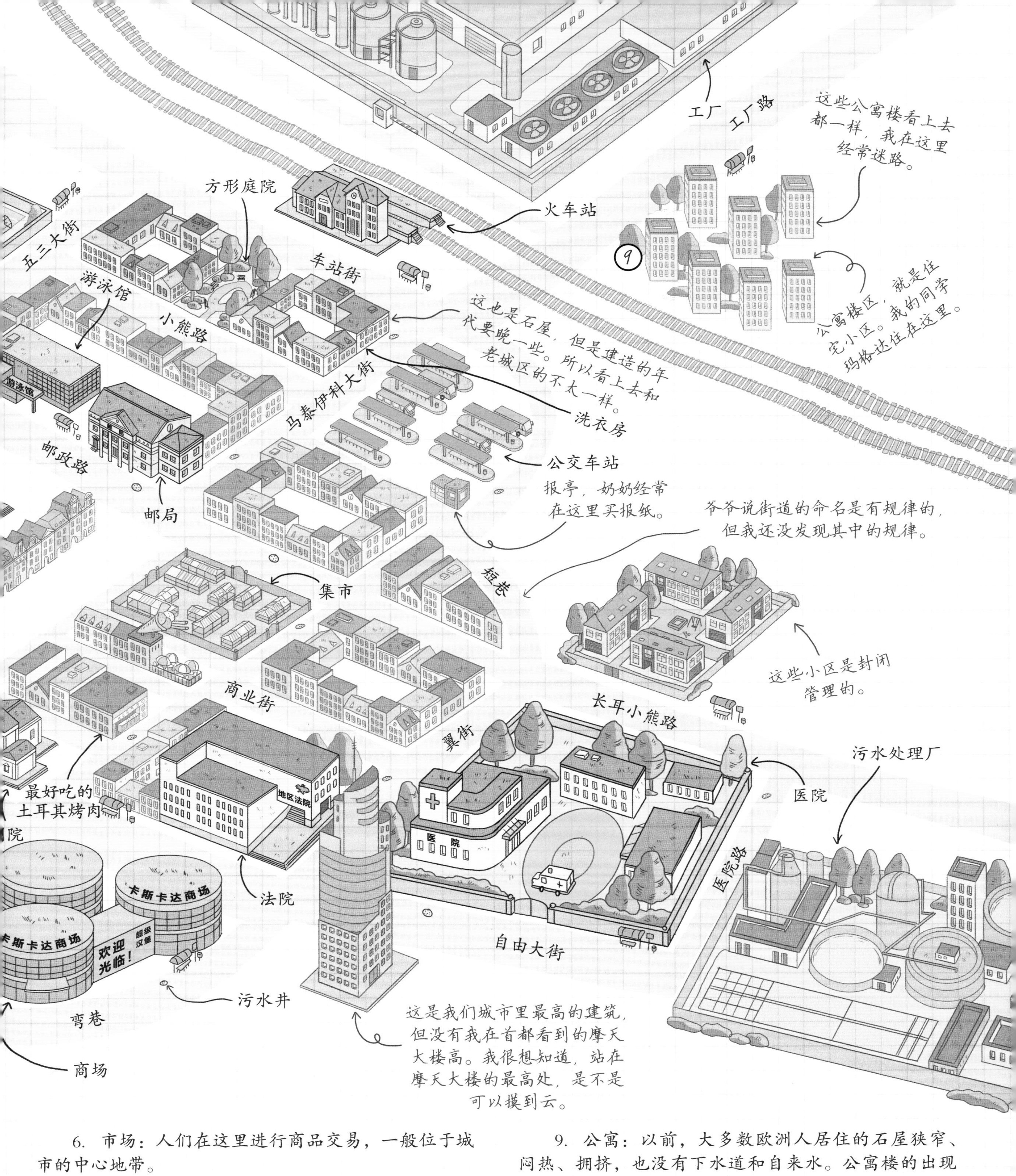

工厂
工厂路
这些公寓楼看上去都一样，我在这里经常迷路。
9
公寓楼区，就是住宅小区。我的同学玛格达住在这里。
方形庭院
火车站
五三大街
游泳馆
车站街
小熊路
这也是石屋，但是建造的年代要晚一些。所以看上去和老城区的不太一样。
马泰伊科大街
洗衣房
邮政路
邮局
公交车站
报亭，奶奶经常在这里买报纸。
爷爷说街道的命名是有规律的，但我还没发现其中的规律。
集市
短巷
这些小区是封闭管理的。
商业街
长耳小熊路
翼街
污水处理厂
医院
最好吃的土耳其烤肉
地区法院
医院路
卡斯卡达商场
欢迎光临！
超级汉堡
法院
自由大街
污水井
弯巷
商场
这是我们城市里最高的建筑，但没有我在首都看到的摩天大楼高。我很想知道，站在摩天大楼的最高处，是不是可以摸到云。

6. 市场：人们在这里进行商品交易，一般位于城市的中心地带。

7. 老城（老城区）：城市最先建造和开发的部分，这里有很多古老的建筑物。

8. 市政府办公楼：这是市政府工作人员的工作场所。

9. 公寓：以前，大多数欧洲人居住的石屋狭窄、闷热、拥挤，也没有下水道和自来水。公寓楼的出现大大地提高了人们的生活质量，很多公寓楼还建造了配套的商店和游泳池等。

欧洲石屋

欧洲的石屋是中世纪时出现的，它们一般是多层的。石屋的外观和大小取决于业主的财富和职业，多数情况下，商人的房子比工匠的房子更具特色。19世纪时，欧洲的城市人口迅速增加，有些石屋被房主出租给城市中的新移民居住。

山墙（三角墙）：不同时代的山墙外观也不同。

这里是屋顶的山墙。

有些石屋在顶层建有仓库，即粮仓。一些杂物和生活用品也会存放在这里。

有的房主会将石屋的外墙刷得五颜六色，有的还会挂上一些装饰品，非常漂亮！

石屋的正面

高层的房间

这里的窗户有利于房屋通风。

门上的窗户

办公室或工作室

大门

大门进出通道：每个人进出石屋都要经过这里。

墙壁和天花板上的画

以前，人们喜欢用彩绘图案装饰房间，这些图案非常精致，有些被保留至今。保留下来的图案不仅有较高的艺术价值，还有一定的史料价值，它向我们展示了当时人们的生活状况。

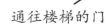

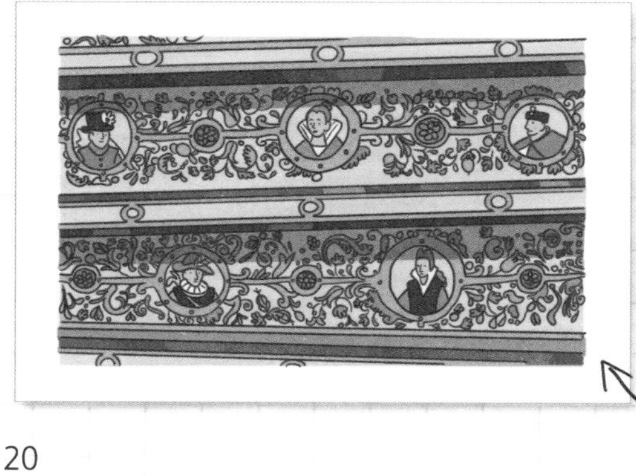

托伦的石屋里保留了非常漂亮的装饰画。

通往楼梯的门

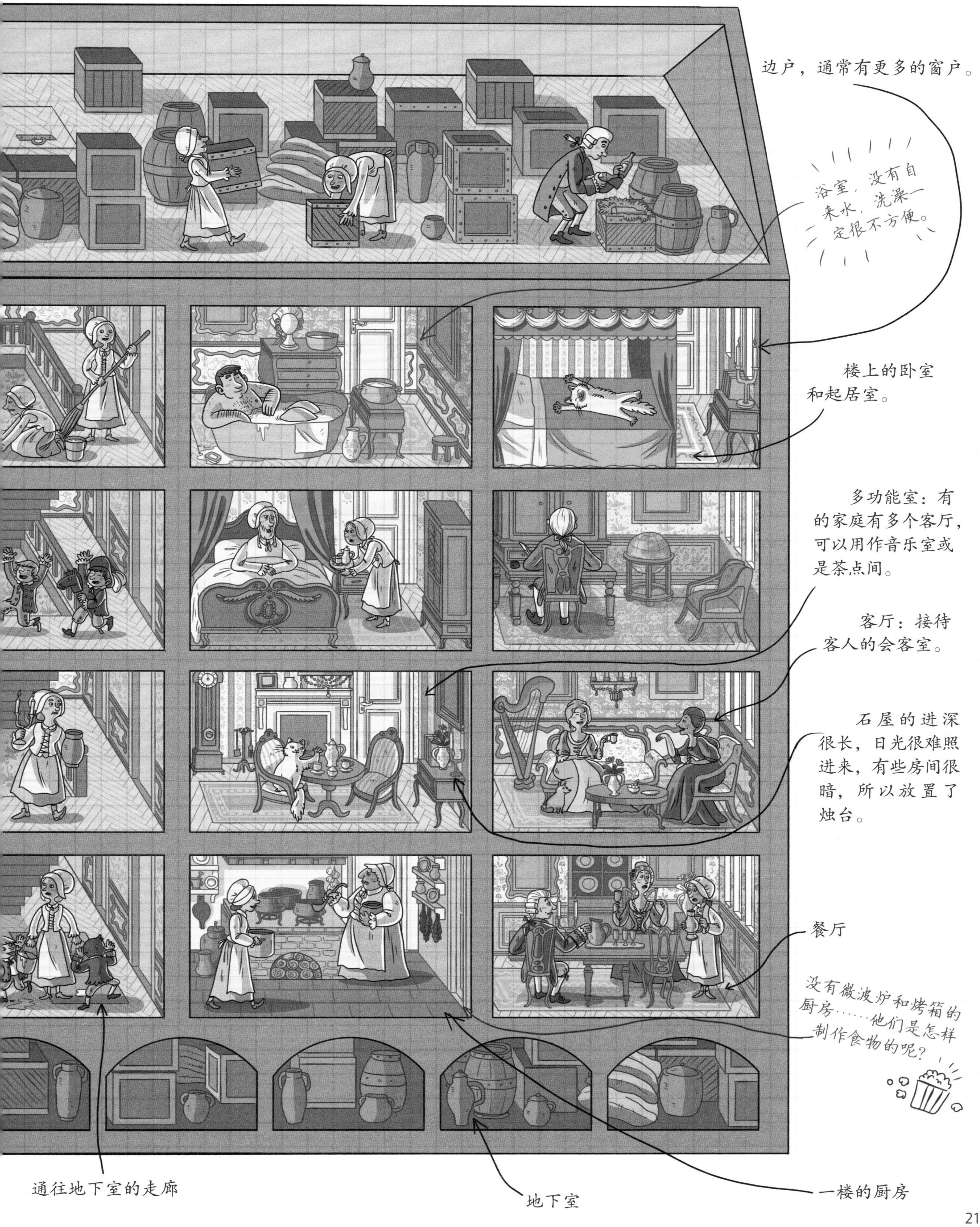
边户，通常有更多的窗户。
浴室，没有自来水，洗澡一定很不方便。
楼上的卧室和起居室。
多功能室：有的家庭有多个客厅，可以用作音乐室或是茶点间。
客厅：接待客人的会客室。
石屋的进深很长，日光很难照进来，有些房间很暗，所以放置了烛台。
餐厅
没有微波炉和烤箱的厨房……他们是怎样制作食物的呢？
通往地下室的走廊
地下室
一楼的厨房

给我拿300克左右的干果。
呜呜呜——
马克斯，现在给我照相，快！
安德鲁，听着，这恐怕不是一个很好的主意。
太好了，太棒了！
托娅，你觉得妈妈戴这副眼镜好看吗？
准备好了吗？我们出发吧！
我们得告诉孩子们，真正的航海是什么样的。

第三部分 假期旅游

小鹦鹉的羽毛
好漂亮啊！
让我安静
会儿，你太
吵了！
爷爷，为什么不能根据
相同的设计图纸，在世界各地造
同样的房子呢？这里的路这么窄，
停车位有点少。为什么这里这么
热呀？我们可以去山上的
城堡吗？博物馆里
都有什么呀？
我这就告诉你，
克拉拉。
我就出12元，
多一分钱都
没有。
好啦，姑娘们，
我们现在出发去那个
海岛，到沙滩上
尽情玩吧。
看看那个
老太太……
勇敢的老太太！

宗教建筑和宫殿

旅游的时候，你能看到世界各地的建筑，它们看起来各有特点。爷爷、奶奶，还有他们的朋友参观过非常多知名建筑。

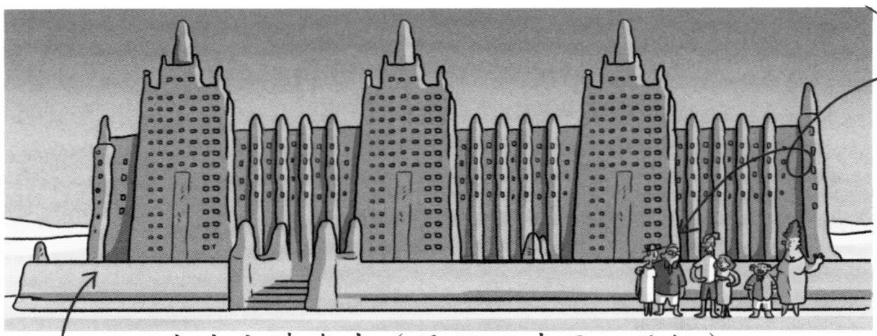

杰内大清真寺（马里，建于14世纪）

照片里的是爷爷、奶奶和他们的朋友。

这个大清真寺看起来像是一个大大的蛋糕！

四天王寺（日本，建于6世纪）

爷爷说，这种建筑叫作塔。

莲花寺（印度，建于20世纪）

巴西利亚大教堂（巴西，建于20世纪）

教堂顶部的颜色像彩绘一样，我太喜欢它了。等我长大后成为著名建筑师，我一定让我设计的大楼都这么五彩斑斓。

瓦西里升天教堂（俄罗斯，建于16世纪）

我爷爷特别爱在建筑前拍照留念。这张照片展示的是宣礼塔，就是那个尖尖的塔。

蓝色清真寺

（原名苏丹艾哈迈德清真寺，土耳其，建于17世纪）

我奶奶喜欢给别人拍照。

吴哥窟（柬埔寨，建于12世纪）

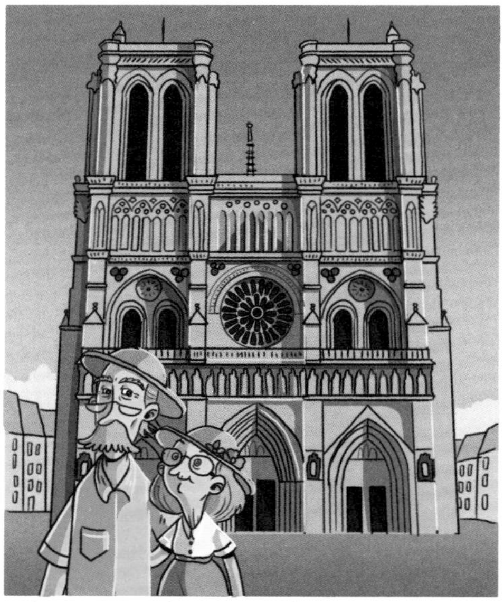

巴黎圣母院（法国，建于12～13世纪）

托普卡帕宫（土耳其，建于15世纪）

北京故宫（中国，建于15世纪）

迈索尔王宫（印度，建于18～19世纪）

故宫是中国明清两代的皇家宫殿，现在可以进去参观，那里的游客可真是多啊！

白金汉宫（英国，建于18世纪）

姬路城（日本，第一期建设于14世纪，现存的姬路城建于17世纪）

我超级喜欢凡尔赛宫。要是能在这里居住，那就太好啦！

凡尔赛宫（法国，建于12～13世纪）

瓦维尔皇宫（波兰，建于13～15世纪）

曼托瓦公爵宫（意大利，建于15世纪）

爷爷说，公爵并不是国王，但他的地位很高。

— 2019年，巴黎圣母院被大火烧毁，现在还在修复。

20世纪之前的伟大建筑

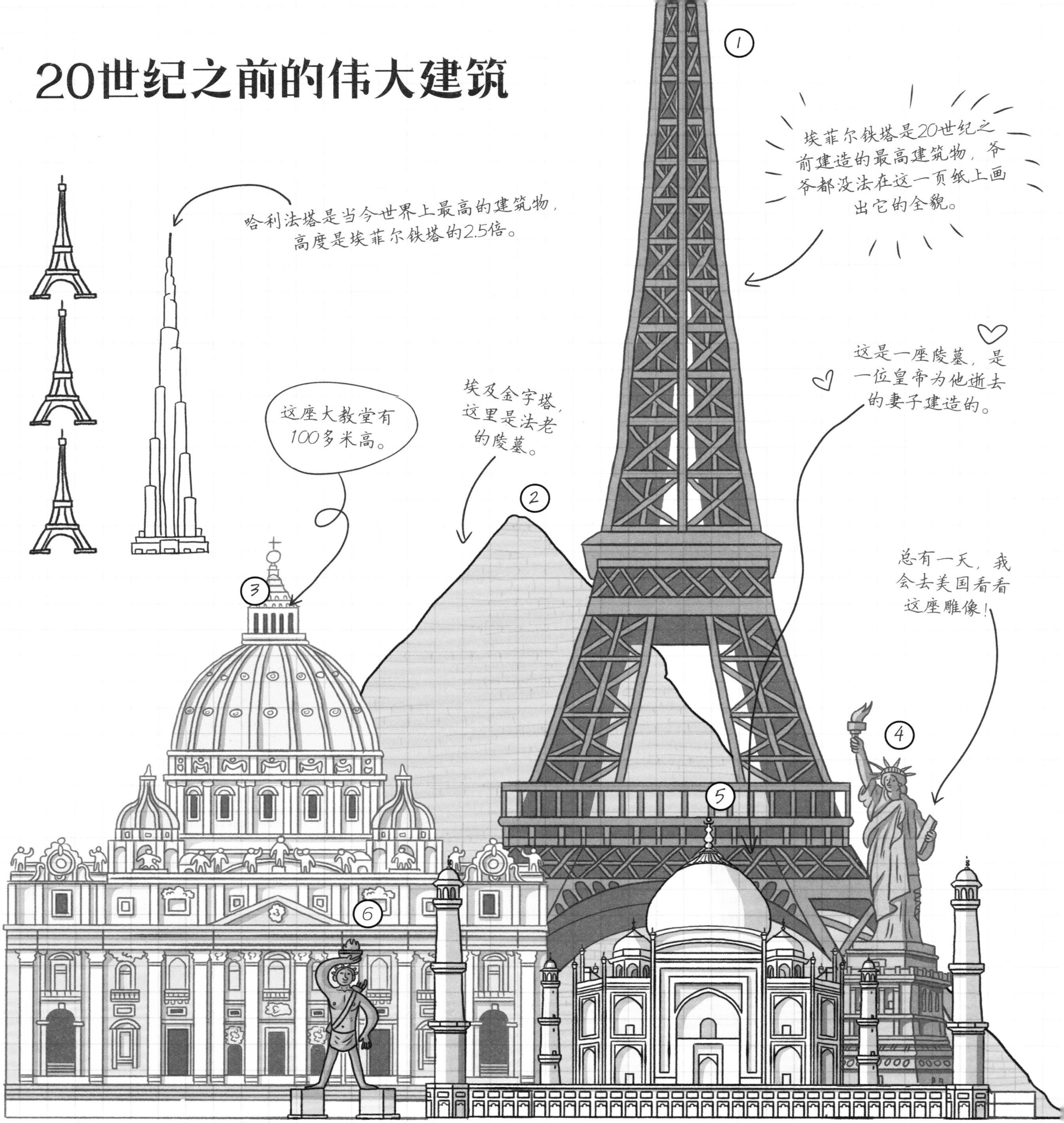

哈利法塔是当今世界上最高的建筑物，高度是埃菲尔铁塔的2.5倍。
埃菲尔铁塔是20世纪之前建造的最高建筑物，爷爷都没法在这一页纸上画出它的全貌。
这座大教堂有100多米高。
埃及金字塔，这里是法老的陵墓。
这是一座陵墓，是一位皇帝为他逝去的妻子建造的。
总有一天，我会去美国看看这座雕像！
1
2
3
4
5
6

1. 法国巴黎埃菲尔铁塔（修建了2年，1889年竣工），高324米。

2. 埃及胡夫金字塔（约公元前2560年完工），现在高约139米，几个世纪前高约147米。

3. 意大利罗马圣彼得大教堂（修建了120年，于1626年完工），高度超过133米。

4. 美国纽约自由女神像（1886年完工），高93米（包括底座的高度）。

5. 印度阿格拉泰姬陵（修建了22年，1648年完成陵墓的主体部分，1653年全部完成），高73米。

6. 古希腊罗得岛太阳神巨像（可能建于公元前294年—前282年），高度约33米（带基座会更高）。虽然已经被地震摧毁了，但它跟胡夫金字塔一样，是人类建筑史上的奇迹，在建筑史上的地位是不可撼动的。

20世纪和21世纪的伟大建筑

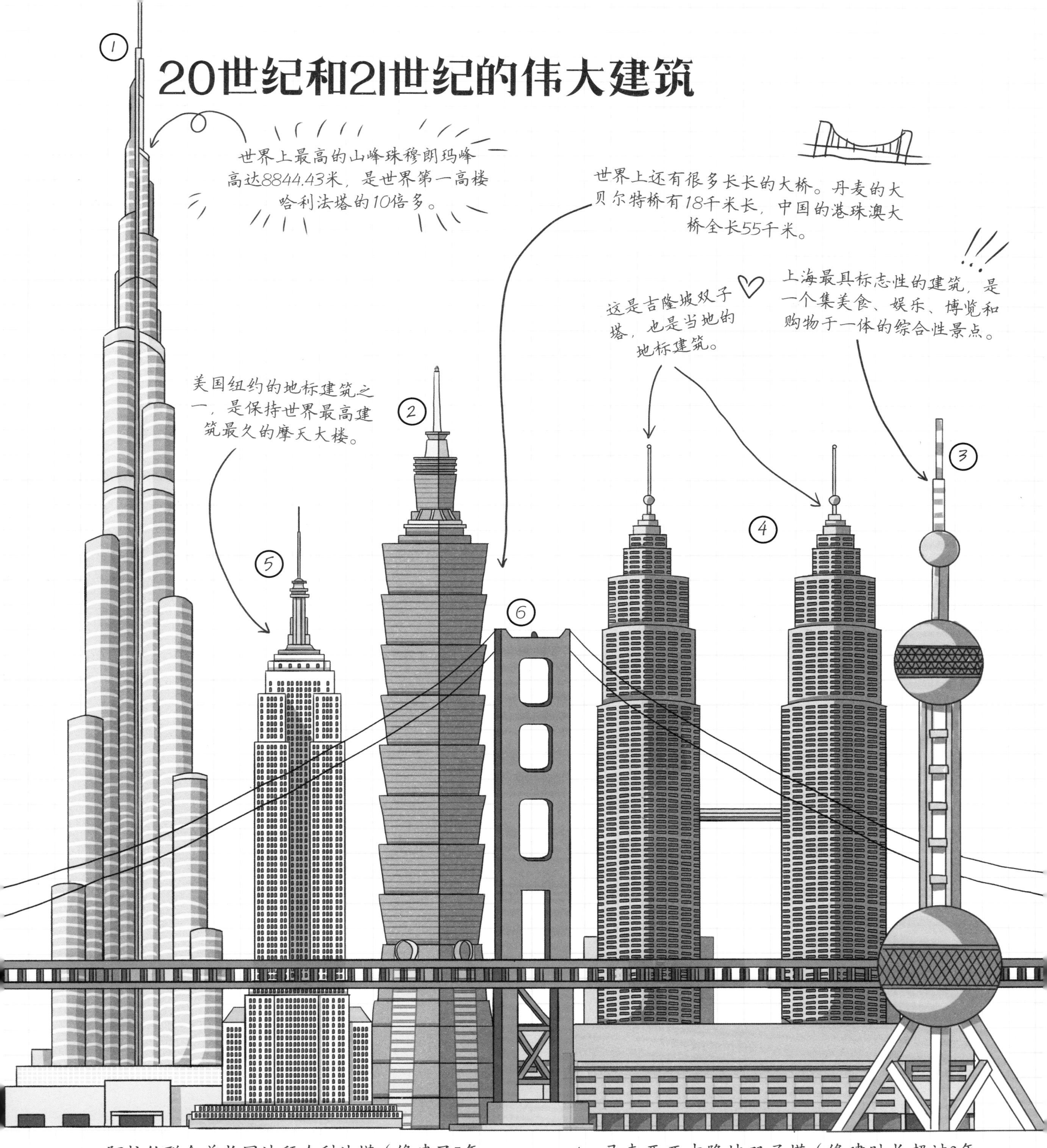

①
世界上最高的山峰珠穆朗玛峰高达8844.43米，是世界第一高楼哈利法塔的10倍多。
世界上还有很多长长的大桥。丹麦的大贝尔特桥有18千米长，中国的港珠澳大桥全长55千米。
这是吉隆坡双子塔，也是当地的地标建筑。
上海最具标志性的建筑，是一个集美食、娱乐、博览和购物于一体的综合性景点。
美国纽约的地标建筑之一，是保持世界最高建筑最久的摩天大楼。
②
③
④
⑤
⑥

1. 阿拉伯联合酋长国迪拜哈利法塔（修建了5年，2009年竣工），高828米。

2. 中国台北101大楼（修建了5年，2004年竣工），高度超过508米，有尖顶。

3. 中国上海东方明珠广播电视塔（修建了3年多，1994年建成），总高468米。

4. 马来西亚吉隆坡双子塔（修建时长超过3年，1996年竣工），高452米。

5. 美国纽约帝国大厦（修建了1年多，1931年竣工），高381米，带天线高度达443.7米。

6. 美国旧金山金门大桥（修建时长为4年，1937年竣工），高出水面228米，长度超过2700米。

剧院

去年我们参观的所有建筑中，我最喜欢的就是剧院。导游带我们参观了剧院的各个角落和秘密通道。

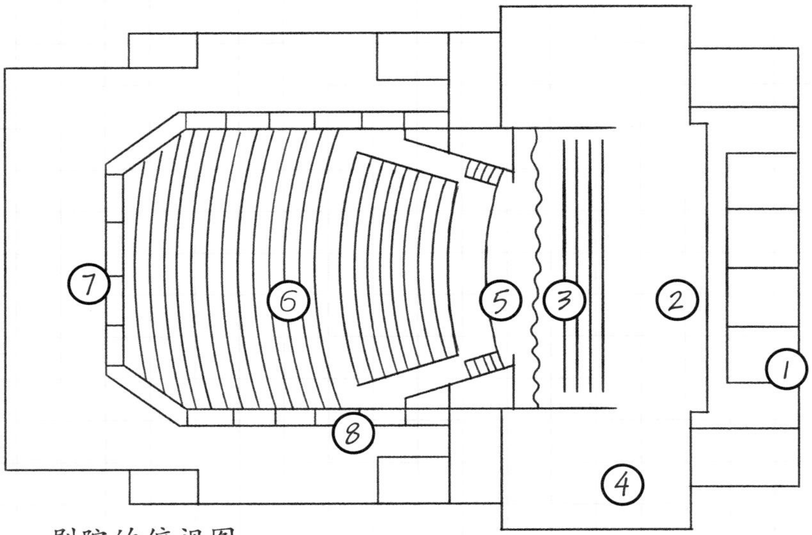

剧院的俯视图：
①更衣室、道具和服饰室 ②舞台 ③帷幕
④侧台 ⑤乐池 ⑥观众席 ⑦门厅 ⑧阳台

灯光可以营造舞台氛围，会根据表演的内容变化。

现代很多剧院都很有设计感，令人耳目一新。

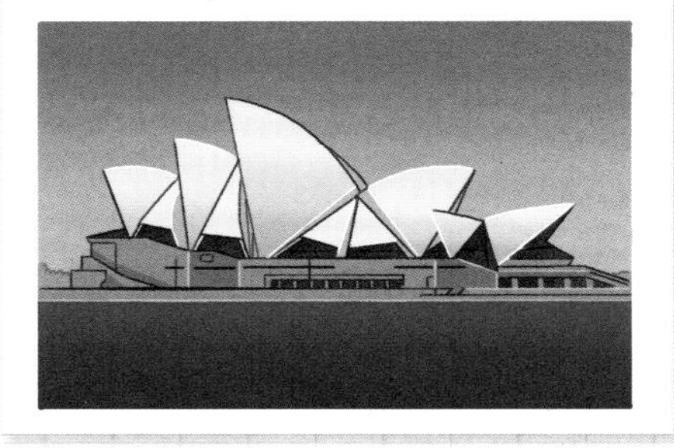

悉尼歌剧院，澳大利亚

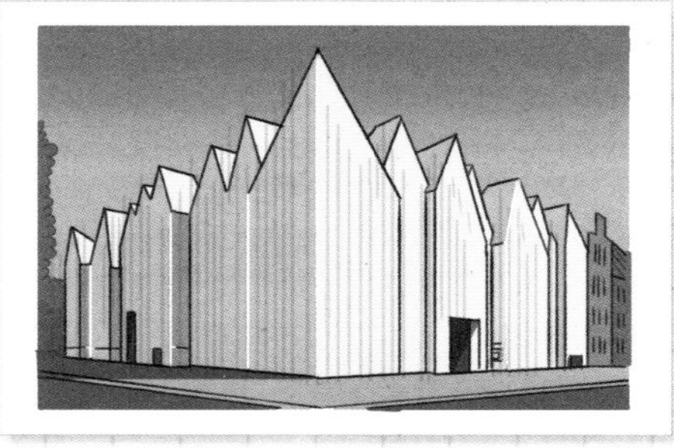

什切青爱乐音乐厅，波兰

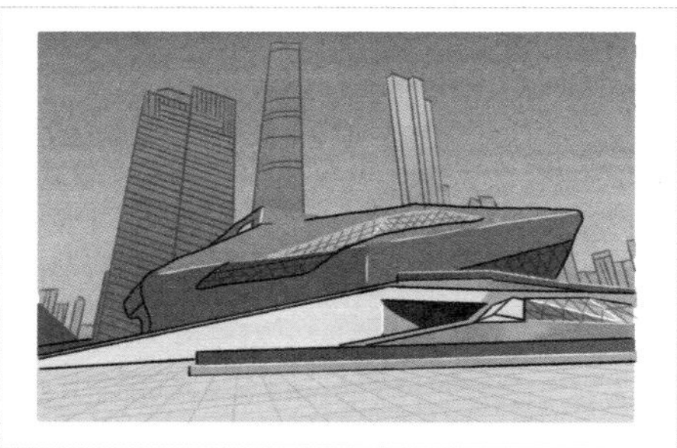

广州大剧院，中国

华特迪士尼音乐厅，美国

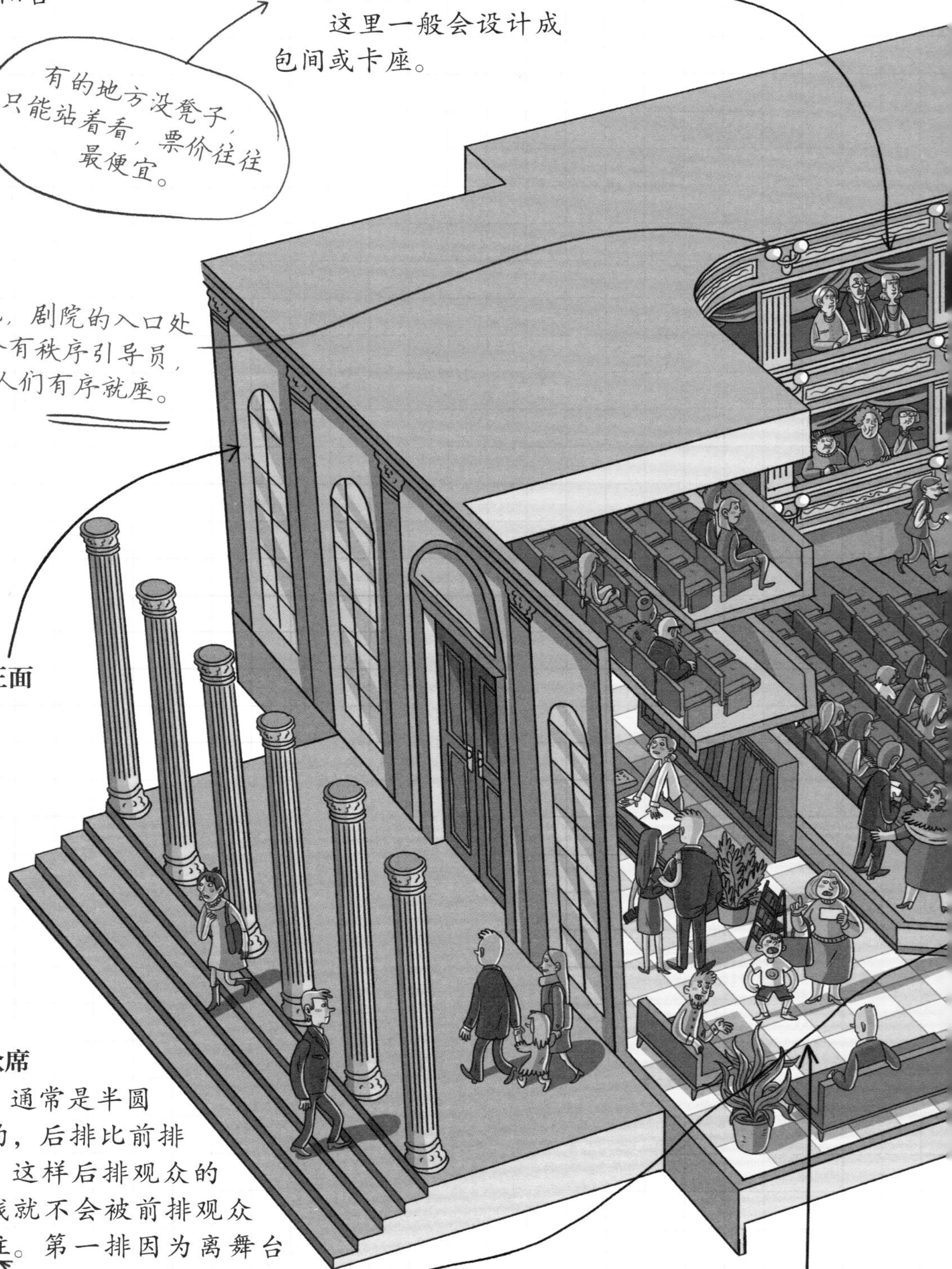

阳台

这里一般会设计成包间或卡座。

有的地方没凳子，只能站着看，票价往往最便宜。

爷爷说，剧院的入口处一般会有秩序引导员，安排人们有序就座。

正面

观众席

通常是半圆形的，后排比前排高，这样后排观众的视线就不会被前排观众挡住。第一排因为离舞台太近，很难看清舞台的全貌。中间的位置比旁边的位置要好很多。

孩子们可以得到一个特殊的坐垫，这样大人就不会遮挡他们的视线了。

门厅

观众们从这里入场或等待入场。

马西莫剧院，我们全家都去过那里。这个剧院又大又漂亮，剧院前面长了一些棕榈树，安德鲁姑父还想爬到树上去。

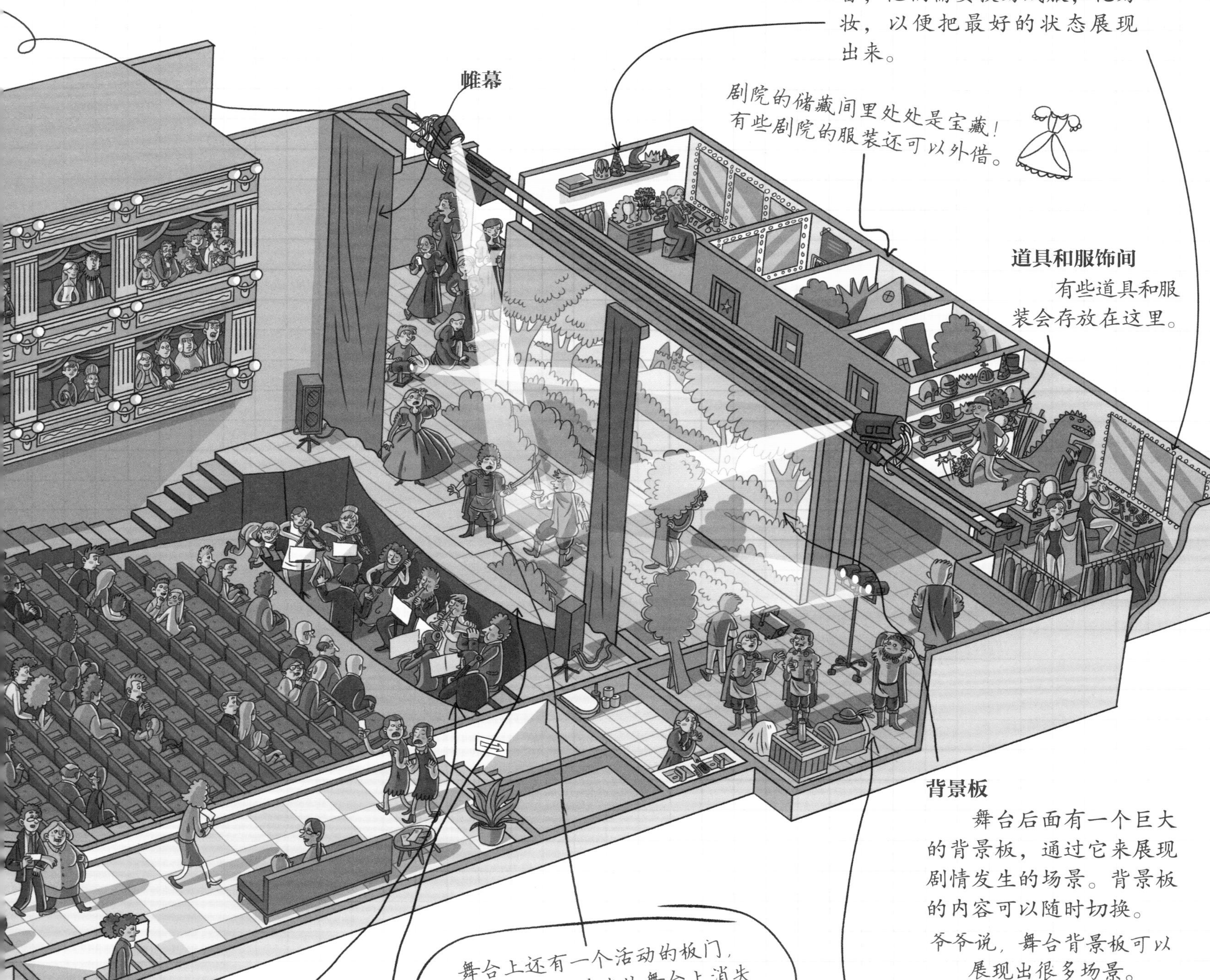

化妆间

演员们在这里为演出做准备，他们需要换好戏服，化好妆，以便把最好的状态展现出来。

帷幕

剧院的储藏间里处处是宝藏！有些剧院的服装还可以外借。

道具和服饰间

有些道具和服装会存放在这里。

背景板

舞台后面有一个巨大的背景板，通过它来展现剧情发生的场景。背景板的内容可以随时切换。

爷爷说，舞台背景板可以展现出很多场景。

舞台上还有一个活动的板门，可以让道具迅速地从舞台上消失或出现，但演员们并不会不小心掉进去。

侧舞台

这里是道具的藏身之处，面积很大。

侧舞台是演员等待上台的地方，如果演员没有足够的时间去更衣室换装，也可以在那里更换。

乐池

位于舞台的前面。乐队的工作人员在这里演出。

虽然被称作“乐池”，但这里一滴水都没有。

舞台

这里是表演的地方。上面有许多隐藏的机关，可以随时变换道具、制造各种声音和视觉效果，如风暴的声音和闪电的效果。有些剧院的舞台还可以旋转或移动。

与建筑有关的职业

建筑设计师

设计建筑物（房屋、桥梁、高塔等）并监督这些项目的实施。要想成为建筑设计师，需要完成专业学习并考取所在国家或地区的资格证书。建筑设计师必须精通相关专业知识，具备正确决策判断能力和贯彻实施能力。这是一个具有高度责任的职业，因为建筑物必须安全耐用。在设计时，必须考虑地形、环境、建筑风格、客户期望、附近其他居民的舒适度等。

古迹保护员

古迹是古代留存下来的，具有历史价值的文化遗迹。古迹不能拆除，翻新改造也需要特别批准才可以进行，保护名胜古迹是每一位公民的义务。

城市规划专家

负责城市的规划和发展，如城市里的老城区和新兴城区的融合、老工业区的改造与振兴等。

房地产中介

他们是帮助客户和业主购买、出售、出租各种建筑物的工作人员。他们掌握着大量房产的信息，能帮助客户选择最合适的房子。

室内设计师

当我们想装修住宅、办公室或酒店时，可以找室内设计师来帮忙。室内设计师会帮助我们选择墙壁的颜色、装饰元素和家具，提出屋内空间的最优设计方案。他必须充分地掌握顾客的喜好和习惯，了解最时尚的设计风格。

建筑工人

他们在建筑工地工作，负责具体的建筑施工，如一些人负责打地基，一些人负责搭建器械，还有的负责砌墙。工地上的工作非常繁重，还有很多工作需要高空作业，这要求从业人员有非常好的体能。建筑工人的工作必须严谨标准，如果瓦工把墙砌歪了，再好的设计也会功亏一篑。

著名的建筑设计师

扎哈·哈迪德（1950 — 2016）

英国女建筑师，出生在伊拉克巴格达。在学习建筑设计之前，她完成了数学专业的学习。她是当代建筑业中杰出的设计师，她的设计造型大胆，像是来自未来世界。她是第一位获得普利兹克建筑奖的女性，这个奖项是建筑设计师的最高荣誉。她设计的项目有北京大兴国际机场、伦敦伊顿广场等。

安东尼·高迪（1852—1926）

西班牙建筑师，他的职业生涯与巴塞罗那密切相关。在那里，他设计了很多在造型、取材和颜色方面独具一格的项目，如用鱼鳞、动物骨骼等图案装饰的巴特罗之家和米拉之家。米拉之家的外观类似于波涛汹涌的大海，整个结构没有棱角。他最著名的作品之一是圣家族大教堂，他坚持在这个建筑中实现最大胆的想法，但直到他去世也没有看到建筑完工，现在仍未完工，但它已成为巴塞罗那的象征。他是一位有远见的建筑师，自然和非凡的想象力是他的灵感来源。

哈利娜·斯基布涅夫斯卡（1921—2011）

波兰建筑师，她因设计波兹南和华沙住宅区项目而闻名，其中包括佐利波茨的萨迪区，在那里她充分利用了现有的树木、石料等，找到了不影响结构和建筑完整性，还能节省开支的方法。她的建筑设计考虑到孩子，甚至残疾人的需求。在板式公寓风靡的年代，她打造了私密的低层砖房。她是第一位在波兰众议院担任副议长的女性，并且在很长一段时间内还是国会议员。

卡齐米日·科维亚特科夫斯基（1944—1997）

波兰建筑师和古迹保护人，他的一生大部分时间在越南工作，在越南比在波兰更有名。越南很多古建筑被战火破坏，20世纪70年代后期他前往那里，帮助当地政府与居民开展古建筑的修复工作，他为越南顺化皇城的修复做了很大努力。

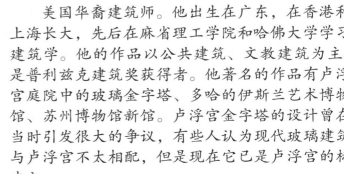

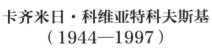

贝聿铭（1917—2019）

美国华裔建筑师。他出生在广东，在香港和上海长大，先后在麻省理工学院和哈佛大学学习建筑学。他的作品以公共建筑、文教建筑为主，是普利兹克建筑奖获得者。他著名的作品有卢浮宫庭院中的玻璃金字塔、多哈的伊斯兰艺术博物馆、苏州博物馆新馆。卢浮宫金字塔的设计曾在当时引发很大的争议，有些人认为现代玻璃建筑与卢浮宫不太相配，但是现在它已是卢浮宫的标志之一。

世界上有许多有趣的建筑，今天我们有很多机会去参观它们。但是请记住，要尊重当地的风俗习惯和居民的隐私。未经许可不要拍照，也不要踏进禁入的区域。

图书在版编目（CIP）数据

建筑是怎么来的 /（波）乔安娜·康恰克，（波）卡塔日娜·皮茨卡著；（波）尼考拉·库哈尔斯卡绘；俞佳译. —北京：中国轻工业出版社，2023.11

ISBN 978-7-5184-4004-7

Ⅰ. ①建… Ⅱ. ①乔… ②卡… ③尼… ④俞… Ⅲ. ①建筑—儿童读物 Ⅳ. ①TU-49

中国版本图书馆 CIP 数据核字（2022）第 093972 号

责任编辑：熊　隽

策划编辑：熊　隽　　责任终审：高惠京　　封面设计：董　雪

版式设计：锋尚设计　　责任校对：宋绿叶　　责任监印：张京华

出版发行：中国轻工业出版社（北京东长安街6号，邮编：100740）

印　　刷：北京博海升彩色印刷有限公司

经　　销：各地新华书店

版　　次：2023年11月第1版第2次印刷

开　　本：787×1092　1/8　印张：5

字　　数：150千字

书　　号：ISBN 978-7-5184-4004-7　定价：79.00元

邮购电话：010-65241695

发行电话：010-85119835　传真：85113293

网　　址：http://www.chlip.com.cn

Email：club@chlip.com.cn

如发现图书残缺请与我社邮购联系调换

231765E1C102ZYW